Timberize TAIWAN

新式木結構建築沿革與展望的完整報告

都市木造的未來

蔡孟廷・方尹萍・張紋韶 著

Sustainable System

推薦人：**王松永** 名譽教授

職銜：
臺大森林環境暨資源學系名譽教授
中華木質構造建築協會名譽理事長
中華林產事業協會榮譽理事長
經濟部標準檢驗局 標準審查委員、技術委員
Hideo Sugiyama Memorial Award 2008，by「Wood Based Materials and Timber Engineering Research Fund，Japan」
June. 3，2008

木材為唯一具備有5R：抑制（Reducd）、再利用（Reuse）、再生利用（Recycle）、熱回收（Recover）、再生產（Renew）資源永續循環的生物材料，亦稱為「大的資源循環」。只要維持林業永續生產，木材資源係可取之不盡，用之不絕。

木材加工能源低，構成元素50％為碳，因此作為建材使用有節能減碳、固碳效果。在都會區內建造多量木構建築可構成一座「都市森林」，雖其不會吸收二氧化碳，但為二氧化碳貯藏庫。

當「樹」製成「木材」時，雖然形態外觀改變，仍然是一種生命的延續，接觸到木材時，我們會有一股不可言喻的舒適感，或許這是因為人與木材都是一種生命體。人＋木＝休，對人而言，木材的存在正構成了一個健康自然生活空間。

傳統木構建築均以實木做為樑、柱之結構材，使得在都會區的應用受到限制，近年由於科技進步、結構用集成材（GLT），直交集成板（CLT），結構用單板層積材（LVL）等現代化工程木材問世，木構造建築高度已不侷限於四層樓，正不斷向高樓層發展。在2017年底加拿大UBC大學已建造兩棟18層大數供做學生宿舍。其所使用的GLT及CLT材積共有2233m^3，可固定2,432公噸CO_2。

本書收錄作者的作品外，並提出歐洲、日本先進國家應用GLT、CLT、LVL等工程木材在都會區設計，建造的木構造建築案例供作借鏡，對於一般大眾所擔心的耐震、抗風、防火、耐腐蟲蟻等亦提出藉由科技加以克服。並提出在國內一片鋼筋混擬土之都會區，如能融入應用有生命建材之木構造建築，不但可降低其熱島效應，並可建構成健康的居住環境。

本書內容豐富，圖文並茂，可供有意從事木構造建築之設計者，建造者，使用者及同學閱讀，將受益良多。

推薦人：**張清華** 建築師

職銜：
九典聯合建築師事務所創辦建築師

在一次林務局的木構推廣課程中，聽到本書作者之一的方尹萍演講其木構設計經驗，讓人印象深刻。近日許多人關心循環經濟產業的應用，而運轉循環經濟的最佳主角就是樹木，其在大自然中生生不息的生存原理，比起AI人工智慧更值得我們思考及應用。人造社會各種產業應用資源能源的方式，是否也可「比照辦理」。

還好，臺灣除了大量的廢棄物外，還有豐富的森林資源與其可提供的木材資源，過去曾經如此，未來將更值得加以推廣木材，這永續材料既容易組合拆解施工，又是綠色健康建材，而其輕質彈性耐震的特性，更是天生麗質且深具未來性。

作者們身為建築及設計專業者，面對地球氣候危機，希望能發揮其木構造設計力，以帶給社會重新思考臺灣產業的未來。

推薦人：**Andrew Waugh**

職銜：

Director, Waugh Thistleton Architects

Graham Willis Professor, the University of Sheffield

我們處於深受氣候變遷影響的時代，人們的生活形態與居住環境都會受其影響，且有必要做出改變。在這個年代，我們自己和我們賴以為生的地球之間，關係變得更形重要。

一個最根本的改變在於如何建造我們所居住的都市，重新學習利用木材，以及其他以木材發展出來的工程材料，成為未來重要的課題。建築的發展方向將我們帶向新的時代，一個超越傳統現代主義和鋼筋混凝土建築，以木材為主的時代。

木材是建築材料中唯一的可以「生長」的材料，而木材的生長過程需要消耗環境中的碳。使用木材來蓋房子，不只降低了建築對地球的影響，某種程度也可說是修補二十世紀工業化以來對環境產生的不良影響。木構造不僅是對地球的健康有幫助，也對人類的健康有正面的影響。因此我們來到遠離鋼筋混凝土叢林，重新回到木建築的年代。

2009年的時候，我們完成了Stadthaus，這棟建築物在一層鋼筋混凝土地面層上蓋了八層的CLT。這是全球第一棟高層木構造，也因此開啟了發展高層木構造的運動。我們最近又完成一棟CLT建築在倫敦的Dalston Lane上，本書出版時，這棟建築是世界上最大的CLT建築。一種新的建築類型，因為我們重新學習使用木材而因運而生，現在僅是這個建築新頁的開端，本書在這個關鍵的時間點出版，也肩負著將新建築時代的觀念和靈感帶到亞洲地區的任務。

我很高興本書作者之一──張紋韶博士，在本書中介紹我們這些案例，讓亞洲的讀者、建築師以及工程師有機會接觸、了解。我們曾經在幾個不同的案子中一起努力，這本書則為我們的合作展開新頁。

We are living in an age which will come to dominated by our relationship with our planet. As the changes to our climate become ever more apparent the way we live and inhabit the earth will, by necessity, be transformed.

A fundamental change in the way in which we build our cities is imperative, re-learning how to build in timber and how to build tall in the new engineered timbers that the 21 st century technologies allow will be fundamental to our future. This new age of architecture takes us beyond the notions of modernism and concrete construction to a new timber age.

Timber is the only construction material that can be grown and as it grows it consumes carbon. Using timber not only reduces our impact on the planet but will also help to reverse some of the effects of 20 th century industrialisation. Timber construction is not only healthy for our planet but is also healthy for humans. Living and working in timber buildings is good for the soul and good for health. The time has come again to leave behind inhospitable concrete caves and embrace the timber age.

In 2009 we completed the Stadthaus project, a building with eight storey CLT on top of a concrete platform. It was the pioneer for tall timber buildings and inspired a global movement. Recently we completed Dalston Lane project, the largest CLT building in the world at the time when this book was first published.

A new architecture will now emerge as we learn how to build in timber. We are the very beginning of this new and exciting era, this book marks the beginning of this new age and will help to provide the inspiration and inertia for the exciting new architecture to come in Asia.

I am delighted that one of the authors, Dr. Wen-Shao Chang, includes these projects in this book and made them accessible to readers, architects and engineers in Asia. We have worked together on a number of projects and this book is a new horizon for our collaboration.

推薦人：**傅文燕**

職銜：
美國在臺協會農業貿易辦事處

科幻小說中的未來世界，常有戰爭、瘟疫後的城市街景：鋼筋水泥建造的摩天大廈被破壞殆盡，斷壁殘垣中裸露出殘餘、破舊的辦公設備，偶爾還有一些動物和倖存的人類穿梭其中，尋找還能再利用的資源…

工業革命後，不同形式的鋼材被發展應用在高樓建築中。二十世紀的後半以來，摩天大樓成為各國展現國力的重要指標；二十一世紀的今天，上百層的建築已經不再稀奇。然而，要拆除一棟摩天大廈花費的時間可能等同於重建一棟全新的大樓，廢料的處理也是一項龐大的工程。

人類忙著消耗這些不可逆的建築材料的這幾十年來，忘了我們已經使用數千年的原料—木材，直到CLT新技術發展，木材才開始被建築設計師們重視並採用。使用木材來建造高樓已經不再是天方夜譚，木材易建、易拆、也易處理，往後的科幻片中，可能也因此不會再有鋼筋裸露的廢棄大樓景象。

臺灣這個孤島，原本應該有非常充足的條件發展林業，但在急於發展經濟的政策下，鋼構成為顯學，政府、學校、產業都把林業和木構拋在腦後。近幾年，在一些有心人士的推動下，終於喚醒了沉睡的政府和教育單位，檢討和調整臺灣禁伐的政策，並把木構重新加入大學建築設計的課綱中。

臺灣這幾十年來，產業對木材在建築上的應用，大概只停留在蓋小木屋上。即便是小木屋，他國的木屋設定可以居住三十年以上，臺灣的設定可能為十年，顯現出臺灣木構教育的落後。

海峽的另一端，和臺灣相同，木構教育已經被遺忘數十年之久，但看得到他們對提升木構教育和產業發展的決心。臺灣努力了十幾年的木構法規，仍在鴨子划水階段，但對岸已經完全掌握各國發展的重點，以大海廣納百川之勢，短短幾年便重建木構法規、納入各國優點，使大型木構得以在城市中發展。新加坡更是一例，即便既有規範沒有納入現代木構設計，新國政府也展現出踩著他國基礎向上發展的態勢，讓高層樓木構得以在狹小的國土上建設。

臺灣現代木構發展起跑時間比許多國家還早一些，但是動能不足，以至於法規仍在「四層樓、簷高十四米」的限制中打轉。重新發展一項已經遺忘的技術並不難，難在沒有決心。臺灣已經浪費了十年，希望未來十年能加緊腳步，產官學攜手並進，讓木構建築在城市中興起。

寫在 Timberize TAIWAN 出版前夕

腰原 幹雄

從2010年開始，team Timberize就持續針對都市木造的可能性提出各種設計想法。

「原本以木材為主要材料但現在已經捨棄木材為材料的製品、或是完全無法想像可以用木材製造的製品，若是可以用木材來加工製造，會對都市街道帶來怎樣的變化及影響呢？」近年來，試圖以這樣的概念及口號，將「木材」視為一嶄新的建築材料，取代都市中原有的鋼構、混凝土或塑膠等材料，提出嶄新地都市風景的可能性。

在日本，雖然有代表著日本傳統木造技術，超過1000年以上歷史的木造建築法隆寺。然而，現代社會制度、森林資源和1000年前大相逕庭，木材所代表的亦不單單是自然材料本身所衍伸的價值，也是對地球環境更友善的材料。此外，由於生活型態的變化，建築機能也隨著更加複雜。在此同時，由於木質材料的品質、結構分析技術、木材加工技術、或是工法的革新，均大大地支持著木造建築的進化。其中，對於木造建築空間的優點及感知上，雖然最好的方式是透過實際的木造建築，在顏色、香氣、或是觸感上的體驗。然而，透過圖面、模型或影像的傳達 也可能更進一步的了解都市中的新式木造建築＝「都市木造」所要表達的意念。都市木造的實踐，並非只透過建築師或技術人員，讓更多的一般民眾可以參與其中，擘劃都市木造的共同想像及願景則更為重要。藉由Timberize的各種活動，在日本也慢慢地開始實踐都市中的新式木造建築，空間所傳達的感覺，也慢慢地滲透至一般民眾的體驗中。

對於同樣擁有豐富的森林資源、以及木造文化的臺灣，期待在未來也可以提出適合亞州的新式木造建築型態。

Timberize TAIWAN

まえがき　腰原 幹雄

team Timberizeは、2010年より都市木造の可能性を提案し続けてきました。

「木でつくることをあきらめたもの、木でつくれないと思っていたものが木でつくれるとしたら、街はどのように変わるのか？」をスローガンに近代以降、鉄やコンクリート、プラスチックに置き換えられてしまった「木」を新しい建築材料としてとらえ直すことにより、新しい都市の姿を提案しています。

日本には、法隆寺に代表される1000年以上の歴史をもつ伝統木造建築の技術がありますが、現代の社会システム、森林資源の状況は1000年前とは異なり、木質材料の価値も単なる自然材料としてではなく、地球環境にやさしい材料と変わってきています。また、生活スタイルの変化によって、建築に求められる性能も変化しています。一方、木造建築を支える木質材料の品質、構造解析技術、木材加工技術、施工技術も大きく進化してきました。そんな中で、木造建築の空間の良さを知るには、実際の建物で色や香り、触感などを体験してみることが一番ですが、ドローイングやスケッチ、模型や映像を通しても、都市の新しい木造建築＝「都市木造」とはどのようなものなのかを知ることができます。建築専門家だけでなく、多くの一般の方々とともにそのイメージを共有することが都市木造の実現には重要です。Timberizeの活動を通じて、日本では、少しずつですが都市部で新しい木造建築が実現し、その空間を体験することができるようになってきました。

同じ豊かな森林資源、木造文化をもつ台湾、アジアで新たな都市木造の提案がなされ実現することを期待しています。

臺灣都市木造的未來風景 蔡孟廷

我對臺灣木構造的發展充滿信心,因為有一群熱血的人持續地不計成本的付出。

剛結束海外工作及留學生涯回台發展時,臺灣的木構產業對我而言是陌生的。為了可以更快的接觸並了解臺灣木構圈的生態及文化,開始認識了許多在臺灣推動木構造發展的先進及專業技術人員。我才發現其實臺灣木構造的發展雖不如歐美日本般蓬勃,但還是持續的在發展及成長。很多時候,當大家抱怨大環境不佳、政府不支持的同時,還是咬著牙往前衝,除了生計更多是對木構造的熱愛。

大部分民眾對木構抱持著正面的態度。

1980年代工業化及都市化的影響,為了滿足都市化人口集中、以及工商業發展,為數不少的日式木造房舍被拆除,取而代之的是一棟棟鋼筋混凝土的建築。在當時的時代背景下,為了滿足大量及快速生產的目的,使用規格化的混凝土是必然的趨勢。然而,木造建築所代表的一種生活態度、以及材料的溫潤感,已經在一般民眾心中植下一顆種子。今天,經濟高速發展的時代已經結束,更多人在溫飽之餘,在乎的是自己的生活觀及態度。住居材料的選擇,也成為生活哲學及態度的選擇。

屬於臺灣的木造建築型態是什麼?

很多人家中都有一間小小的木造和室,傳達的是一種脫離日常、忙裡偷閒的小小心願。當材料、空間本身已經以一種意識形態存在大家心中,我一直在思考的是,木造建築除了傳達出溫潤、忙裡偷閒、甚至是優雅的生活哲學外,可以如何自處在常民的生活當中。我一直相信,木造建築所表達出的地域性,才會是它可以成為常民生活的一部分,並且成為獨特的地域文化。因此,一部分的我很慶幸臺灣木造建築推

動的緩慢及不順利，因為我們或許有機會找出屬於臺灣的木造文化是什麼？慢慢發掘出屬於臺灣的木造建築型態，或許不同於日本或歐美。

Timberize TAIWAN

2015年開始與木之家種子研究會在臺灣推動Timberize TAIWAN的系列展覽、競圖及講座。對我自己而言，很多時候目的都不是在告訴大家應該怎麼做，反而是單純地想介紹大家現代木造以及技術的發展。讓大家想想，有機會思考如果是你，你想怎麼做。當大家慢慢地建立基礎知識及了解，並熟悉材料或是技術上的發展，甚至對木造建築的想像。在臺灣，我們才有機會開始談到底什麼是屬於臺灣的木造建築型態。

始於專業終於常民

出版Timberize TAIWAN一書，是在東大留學研究期間一直以來的想法，也跟腰原老師討論多次。對於木構造這樣地專業以及對臺灣民眾而言相對陌生的題材，該如何傳達專業者的想法給大家，這樣的討論一直存在出版及編輯過程中。對於很多的想法，我們也選擇用更多的圖片來說明。並且除了日本team Timberize的設計作品及提案外，也加入歐洲及臺灣的實踐案例，幫助大家了解臺灣專業人員在推動木造建築上的企圖、想法以及努力。希望透過書中想傳達的想法，凝聚大家對木造建築的共識，不管是生活上、產業上、技術上、甚至是永續環境上的態度。只有將專業知識常民化，很多可能的想法才有機會被提出，接著透過專業來實現。

期望本書是一個開始，大家一起來思考屬於臺灣的都市木造風景。

CONTENTS

前言 | 認識 Timberize

木造建築給人的印象多半停留在小型、低矮的鄉間、山林小屋，或是傳統工法建築的產物。從「timber」衍伸而來的「timberize」，則是指透過木材加工提高性能後所興建的高層木造建築，且是可存在於都市中，並可達到固碳、降低都市熱島效應、永續循環等目標。本章即開宗明義說明 Timberize 的理念及緣起，以及日本和臺灣的 team Timberize 以展覽和競圖方式，為都市木造的未來做出的規劃及想像。

- What is Timberize
- Timberize TOKYO Exhibition
- Timberize TAIWAN Exhibition

展示風景：「建築の日本展：その遺伝子のもたらすもの」森美術館、2018年
撮影：来田 猛／画像提供：森美術館（東京）

Installation view: "Japan in Architecture: Genealogies of Its Transformation," 2018, Mori Art Museum, Tokyo
Photo: Koroda Takeru／Photo courtesy: Mori Art Museum, Tokyo

東京大學生產技術研究所腰原研究室

> What is Timberize
永續、固碳的新式木造建築型態

人工加工而成的木材或製材統稱為「timber」,「timberize」則是由「timber」所衍伸出來的用語。當木材透過加工成型,可以更適才適所的應用在建築物的不同部位,不同種類及性質的木材就更能物盡其用。因此,針對木材特性及使用需求進行深入研究探討,木材也就可被極盡所能地使用並發揮其特性。然而,既定印象中,木材只能蓋2～3層樓的建築,在今日都市化的社會中,處處高樓林立,木材本身乃至於木造建築在都市環境中應該扮演什麼角色?面對現代社會的水泥叢林,木造建築又可以如何改變都市風景?

在日本,西元2000年建築基準法進行大幅度地修正後,木造防火建築物已被建築基準法所認可。今日,由於木結構分析技術以及防火性能的進步,並在工程木材(Engineered Wood)此革新材料的帶領下,都市中大規模及高層木造建築已經有實現的可能性。另外,因應節能減碳及實現低碳城市,木造建築對於固定二氧化碳則肩負著重要的任務。在此社會背景下,team Timberize於2009年在日本開始透過各種活動推廣都市木造建築,並於2011年4月正式成立NPO法人組織。team Timberize的設計提案有別於傳統木構造的形式,針對新型態木構造的可能性進行探索,提出廣泛的可行性評估。因此,team Timberize對於都市木造建築的定義為,高層、大規模、防火以及複合木質材料等關鍵字,並在此關鍵字下探尋都市中木造建築的可能性。

NPO法人 team Timberize 成立大會

team Timberize 中心成員

名 詞 解 釋

工程木(Engineered Wood)
亦可稱為複合木材(Composite wood),包含多樣不同的製品,如集成材(Gluelam)、LVL(Laminated Veneer Lumber)、CLT(Cross Laminated Timber)等。泛指透過膠合、釘接或其他接合方式等,將木材以小徑、粒狀、片狀或纖維等方式組合成工業化的木製品。相較於原木,材料性質較為均質。

低碳城市
泛指城市中的各種活動及行為(建築、交通、能源消耗等),有較低的溫室氣體排放的效應。本文中之低碳城市,主要著眼於都市中的建築產業,透過木構造的活用,預期在建築材料、施工、以及後續的能源消耗上,相較於其他材料有較佳的減碳表現。

2010 timberize TOKYO 座談會

2010 南青山 Spiral Garden 舉行之 timberize TOKYO 展覽會

2016 大阪 CLTimberize OSAKA 展覽及座談會

>Timberize TOKYO Exhibition
結合技術與生活的木造都市提案

Timberize TOKYO 建築展的宗旨，是以木造建築來表達建築的各種可能性，創造在都市中，也存在著各種尺度木造建築的想像。「都市‧木造」的主要基地，選址於日本東京都內人口最為密集，各知名設計師及品牌旗艦店進駐的中心精華地帶「表參道」。提案中，藉由各個不同機能的規劃設計，結合最新的木結構技術，以模型表達出可能的構造形式。透過提案設計的模型，木結構材料的特徵及質感將完整地呈現，參觀民眾可親自透過五官來品味所謂的「都市‧木造」。

Timberize TOKYO 於 2010 年 5 月在東京青山 spiral Garden 展出以來，10 天內累積超過 11,000 人以上的參觀人次，在當時造成超乎想像的迴響。此迴響亦在隔年開始，逐漸於全日本發酵並開始展開巡迴展覽，以「都市‧木造」為主題的巡迴展覽地點遍及全日本 包含名古屋（2010）、北海道（2011）、九州（2012）、秋田（2014）及大阪（2015），其所提案的「都市‧木造」概念造成的影響始料未及。2014 年 9 月呼應日本申辦奧運成功 針對即將在 2020 年東京舉辦之奧運活動，提出以「體育館‧木造」為主題，大跨距體育館建築之木構造設計提案及展覽。2016 年 11 月，分別在東京及大阪舉辦以 CLT 為主題之 CROSS LAMINATED TIMBERIZE（簡稱 CLTimberize），探索 CLT 在日本都市環境中的可能型態及工法。team Timberize 透過長期的研究及設計提案，以及不定期的設計展覽，各成員亦在不同領域中對木造建築的實踐及推廣有著長足的影響。

2016 CLT timberize CLT Café

2014 Tokyo2020木造大跨距體育館提案

2014 Tokyo2020網格薄殼體育館提案

2014 Tokyo 2020 奧運選手村提案

Timberize TOKYO 展覽年表

CROSS LAMINATED TIMBERIZE in OSAKA	2016.11.18～2016.11.21
CROSS LAMINATED TIMBERIZE — CLT開始了	2016.11.10～2015.11.15
Timberize OSAKA～都市木造將大阪連接到未來	2015.10.15～2015.10.20
Timberize HIROSHIMA 2015～都市木造將廣島連接到未來	2015.10.09～2015.10.12
Timberize TAIWAN 2015	2015.08.01～2015.10.18
Timberize AKITA～都市木造將如何改變秋田的景觀	2014.12.13～2014.12.23
Timberize TOKYO in 新木場～都市木造將東京連接到未來	2014.09.24～2014.10.31
Timberize TOKYO～都市木造將東京與未來連結	2014.09.05～2014.09.15
Let's Timberize! in 九州～探索木的新可能性	2012.11.17～2012.11.25
Timberize 建築展 in 北海道	2011.07.01～2011.07.10
Timberize 建築展 in 名古屋	2010.10.09～2010.10.15
Timberize「喫茶」展	2010.08.03～2010.08.31
Timberize 建築展 in 靜岡	2010.07.24～2010.08.01
Timberize 建築展「都市木造的前線」	2010.05.21～2010.05.30
Timberize TOKYO Exhibition「都市の木造建築展」	2009.12.05～2009.12.25

Timberize TAIWAN2015臺中創意文化園區

Timberize TAIWAN 2015北科大藝文中心

>Timberize TAIWAN Exhibition
探索臺灣木構造的可能型態

「刻畫臺灣未來都市木造的風景」，是舉辦 Timberize TAIWAN 的初衷。延續team Timberize在日本的經驗，在木造知識及常識相對薄弱的臺灣，期待透過Timberize TAIWAN展覽、演講座談會或競圖等活動的舉辦，傳遞都市中木造建築的可能性及都市木造未來的想像。作為推廣木造建築的平台，Timberize TAIWAN 首先在2015年與木之家種子研究會共同發起「Timberize TAIWAN 2015—都市高層木構建築臺日聯展」。本屆展覽分別在臺中（臺中創意文化園區）、臺南（成功大學數位設計教學大樓 C-Hub）、臺北（國立臺北科技大學藝文中心）巡迴舉辦，透過與日本team Timberize成員之交流，探討都市高層木造建築技術發展及可能性。

另外，2017年則與國立臺灣科技大學及統創建設共同發起，於臺北統創多寶閣大樓舉辦「Timberize TAIWAN 2017—臺灣木構造建築的可能型態」，以臺灣、日本木造建築作品聯展，及學生公開競圖的方式，將木造建築的推廣向下扎根至校園。Timberize TAIWAN 預計以兩年一次的方式，透過邀請國內外建築師及專家之木造建築作品及提案參展等方式，持續推廣及探索臺灣都市木造建築的可能性。

Timberize TAIWAN 2017 統創多寶閣大樓

Timberize TAIWAN 2015 成功大學 C-Hub 木構造設計評圖

Timberize TAIWAN 展覽年表

Timberize TAIWAN 2017	2017.11.25～2018.1.8 統創多寶閣大樓
臺灣木構造建築的可能型態	2017.7.1～2017.10.27 臺灣木構造建築的可能型態學生競圖
Timberize TAIWAN 2015	2015.8.1～2015.8.16 臺中創意文化園區
都市高層木構建築臺日聯展	2015.9.12～2015.9.29 成功大學數位設計教學大樓 C-Hub
	2015.10.2～2015.10.18 國立臺北科技大學藝文中心

Chapter 1 | 木造發展進行式

木材做為建築材料的歷史淵遠流長,但隨著都市發展及兩次世界大戰等諸多條件的影響,戰後需要快速建設加上城市建築往垂直向發展,木造建築在當時的諸多侷限,導致木造建築逐漸式微。

近年因全球暖化、氣候變遷開始的永續議題,尋求可永續的建築材料的過程,木材再度被看見,更因加工技術進步,讓木材性能得以提升,各國也重新評估木造高層建築的可能性,自2000年開始迄今,已有18層樓的集合住宅完成,未來將有更多超越想像的可能性,有機會改變現代都市即水泥叢林的現象。

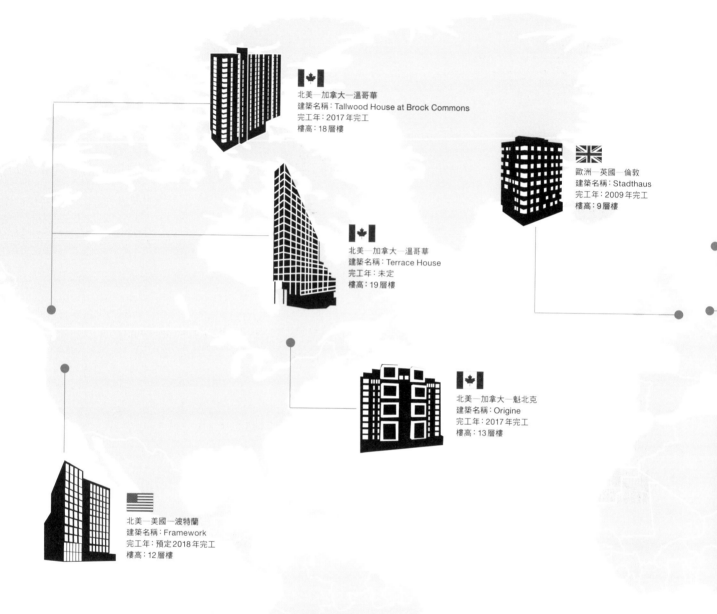

北美—加拿大—溫哥華
建築名稱：Tallwood House at Brock Commons
完工年：2017年完工
樓高：18層樓

歐洲—英國—倫敦
建築名稱：Stadthaus
完工年：2009年完工
樓高：9層樓

北美—加拿大—溫哥華
建築名稱：Terrace House
完工年：未定
樓高：19層樓

北美—加拿大—魁北克
建築名稱：Origine
完工年：2017年完工
樓高：13層樓

北美—美國—波特蘭
建築名稱：Framework
完工年：預定2018年完工
樓高：12層樓

世界新式木造概況

世界高層木造建築的競賽，在2000年後正式展開。在此之前，由於各國研究者及專家的努力下，應用於中高層木構造的技術及工法也更趨成熟。目前全世界最高的木造建築，為總高18層樓（58m），位於加拿大溫哥華的UBC不列顛哥倫比亞大學學生宿舍Brock Commons。然而，2016年10月開工，位於奧地利24層樓高（總高84m）的「HoHo Wien」即將在近年完工，也將取代北美的Brock

Commons，成為世界最高的木造建築物。

在此同時，世界各地的建築師及研究單位，一一提出各種高層木造建築的設計提案；劍橋大學Michael Ramage博士提出的80層樓超高層木造建築，甚至是最近由日本住友林業提出的350m超高層木造建築，雖然技術尚未完全成熟，卻在在挑戰人類對木造建築的想像。

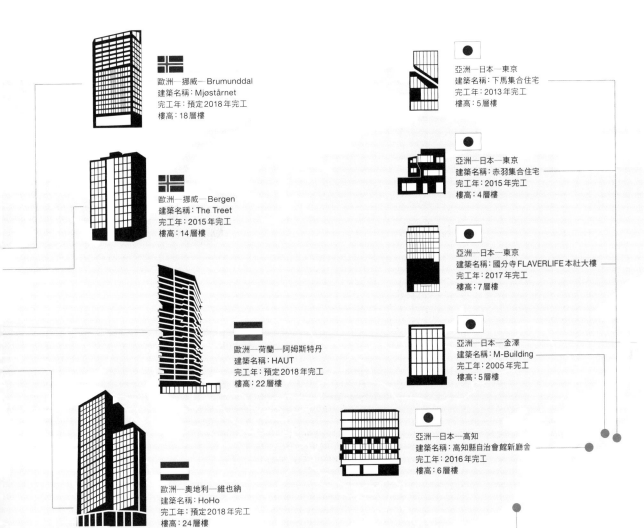

歐洲—挪威—Brumunddal
建築名稱：Mjøstårnet
完工年：預定2018年完工
樓高：18層樓

歐洲—挪威—Bergen
建築名稱：The Treet
完工年：2015年完工
樓高：14層樓

歐洲—荷蘭—阿姆斯特丹
建築名稱：HAUT
完工年：預定2018年完工
樓高：22層樓

歐洲—奧地利—維也納
建築名稱：HoHo
完工年：預定2018年完工
樓高：24層樓

亞洲—日本—東京
建築名稱：下馬集合住宅
完工年：2013年完工
樓高：5層樓

亞洲—日本—東京
建築名稱：赤羽集合住宅
完工年：2015年完工
樓高：4層樓

亞洲—日本—東京
建築名稱：國分寺FLAVERLIFE本社大樓
完工年：2017年完工
樓高：7層樓

亞洲—日本—金澤
建築名稱：M-Building
完工年：2005年完工
樓高：5層樓

亞洲—日本—高知
建築名稱：高知縣自治會館新廳舍
完工年：2016年完工
樓高：6層樓

亞洲—臺灣—臺中
建築名稱：WoodTek森科總部
完工年：2014年完工
樓高：5層樓

澳洲—布里斯本
建築名稱：5 King
完工年：未定
樓高：10層樓

澳洲—墨爾本
建築名稱：Forte Tower
完工年：2013年完工
樓高：10層樓

歐洲19th已降木造發展年表

在歐洲，中高層木造建築的實現，木構造的防火性能為重要的技術指標。在1990年代，絕大多數的歐洲國家對於木造建築的高層限制多為2樓以下，然而由於防火技術及設備的革新，加上多數國家對於林業資源活用的意識，以及利用木材來吸收及固定二氧化碳的目標。

2000年後，歐洲大部分國家已經慢慢取消對木造建築的樓高限制。預計在2020年後，全歐對木造建築的高層限制逐漸取消，中高層木造建築將會以一個嶄新的姿態進入歐洲都市環境中。

2000年以前
歐洲各國建築法規對木造建築高度限制平均在2樓以下。

2000～2010年
部分歐洲國家逐漸取消對木構造建築的樓高限制。

完工年：2008
德國／柏林
建築名稱：E3 Berlin
樓高：7層樓
說明：歐洲第一座建在城市環境中的7層木結構建築。在2002年改變德國建築法規之前，木結構僅限於3層樓。即使是柏林的新建築法規也只將木結構限制在5層樓。

完工年：2008
瑞典／Eslöv
建築名稱：Lagerhuset
樓高：10層樓
說明：瑞典最高的木構造住宅，為穀倉改建房。

完工年：2009
瑞典／Växjö
建築名稱：Limnologen
樓高：8層樓
說明：構架、樑柱、牆體、電梯井都是木構造。最底層使用混凝土結構，提供更好的穩定性。該社區展現了如何建造大型、壯觀的木建築。

完工年：2009
英國／倫敦
建築名稱：Stadthaus
樓高：9層樓
說明：英國第一座採用CLT建造的高密度住宅建築。CLT不僅可做為承重牆和樓板，還可完全用來構成樓梯和升降機。

2010～2020年

歐洲各國開始實驗木造建築的各種可能性。

完工年：2011
德國／Bad Aibling
建築名稱：Holz8(H8)
樓高：8層樓
說明：為德國的木造高樓住宅之一。

完工年：2013
義大利／米蘭
建築名稱：Cenni di Cambiamento
樓高：9層樓
說明：4幢9層樓高的社會住宅，外部和內部裝飾看起來
　　　像傳統的磚或混凝土建築，但承重結構和地板由
　　　CLT構成。

挪威／Oslo
建築名稱：Pentagon II
樓高：8層樓

法國／巴黎
建築名稱：Maison de l'Inde
樓高：7層樓

義大利／Trieste
建築名稱：Panorama Giustinelli
樓高：7層樓

瑞士／蘇黎世
建築名稱：Tamedia
樓高：7層樓

奧地利／維也納
建築名稱：Wagramerstrasse
樓高：7層樓

完工年：2016
挪威／Trondheim
建築名稱：Moholt 50/50
樓高：9層樓
說明：Trondheim的學生宿舍，以環境和社區為重點，為
　　　CLT結構。

英國／Norwich
建築名稱：UEA Blackdale Student Residence
樓高：7層樓

完工年：預定2019完工
瑞典／Skellefteå
建築名稱：Kulturhus Skellefteå
樓高：16層樓
說明：Skellefteå的新文化中心和酒店，為該地區木造建
　　　築的一個里程碑。

法國／Bordeaux
建築名稱：The Hyperion
樓高：18層樓

完工年：2012
奧地利／Dombirn
建築名稱：Life Cycle Tower(LCT) One
樓高：8層樓
說明：世界上第一座採用模組化結構系統的混合木被動
　　　式住宅建築。

完工年：2014
英國／倫敦
建築名稱：Bridport House
樓高：8層樓
說明：CLT構成的社會住宅·取代1950年代原有的住宅區，
　　　共21個單位，兩個新的連接街區，一個8層樓高，
　　　另一個5層樓。

瑞典／斯德哥爾摩
建築名稱：Strand Parken
樓高：8層樓

完工年：2015
英國／倫敦
建築名稱：Banyan Wharf
樓高：10層樓
說明：Regal Homes的CLT住宅物業開發案，位於倫敦
　　　哈克尼區，為目前歐洲最高的CLT結構住宅建築。

挪威／Bergen
建築名稱：The Treet
樓高：14層樓

芬蘭／Jyvaskyla
建築名稱：Puukuokka
樓高：8層樓

完工年：2017
英國／倫敦
建築名稱：Dalston Lane
樓高：9層樓

英國／約克
建築名稱：Sanctuary
樓高：7層樓

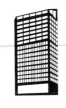

完工年：預定2018完工
挪威／Brumunddal
建築名稱：Mjøstårnet
樓高：18層樓

奧地利／維也納
建築名稱：HoHo
樓高：24層樓

2020年

1. 全歐洲逐漸取消對木造建築的樓高限制。
2. 歐盟建築能源效率指令（EPBD）規定，所有新建物皆需達到近零耗能的標準。

北美19th已降木造發展年表

在北美，木造建築一直是住宅的主流類型。尤其是19世紀初，Wooden Frame Construction（俗稱2×4工法）在美國開始普及後，以標準斷面2吋×4吋的木構件，所建制的木造框組壁結構系統，則一直被沿用至今，也是北美最受歡迎的木造建築結構系統。

然而相對於歐洲，北美中高層木造建築的發展則相對較晚，加拿大在2012年將木造建築高層最高4層的限制放寬。近年也因為加拿大政府的大力推廣及支持，目前世界最高的木造建築則位於溫哥華，總高18層樓的學生宿舍UBC Brock Commons。

1800～2010 年

2×4工法為北美木造住宅主流，總高限制在4樓以下。

2010～2020 年

加拿大於2012年放寬木造高層樓高限制，在政府推廣支持下，高層木造建築陸續完工。

完工年：2014
加拿大／**Prince George**
建築名稱：Wood Innovation Design Centre
樓高：7層樓
說明：木材創新設計中心（WIDC）完工當時為是世界上最高的現代化全木造辦公樓，很快就被其他大型木結構建築所超越。

完工年：2016
美國／Minneapolis
建築名稱：T3 Building
樓高：7層樓
說明：外部採用耐候鋼包覆，但其內部是Cross-Laminated Timber（CLT）和Nail Laminated Timber（NLT）等木結構。

完工年：2016
加拿大／Montreal
建築名稱：Arbora
樓高：8層樓
說明：住宅和商業開發案，採用CLT結構，有租賃單位、
　　　公寓和聯排別墅。

完工年：2017
加拿大／Quebec
建築名稱：Origine
樓高：13層樓

完工年：2017
加拿大／Vancouver
建築名稱：Tallwood House at Brock Commons
樓高：18層樓
說明：目前世界已完工最高的木造建築。

完工年：預定2018完工
美國／Portland
建築名稱：Framework
樓高：12層樓

完工年：未定
美國／Portland
建築名稱：Carbon 12 Building
樓高：8層樓
說明：開發商在波特蘭規劃的精品住宅，採用鋼結構服務
　　　核設計，周圍環繞著CLT結構。

完工年：未定
加拿大／Vancouver
建築名稱：Terrace House
樓高：19層樓

日本19th已降木造發展年表

相較於歐洲及北美對於都市木造建築的積極推展,日本則相對保守。然而,同樣地著眼於森林資源的活用,以及木材對固定二氧化碳的優勢。日本在2000年後取消對木造建築的高層限制,改以性能設計及評定的方式,判斷都市中高層木造建築興建的可能性。

目前在日本的中高層木造建築,大多以木質混構造(以鋼筋混凝土結構或鋼結構搭配木結構)的型式來實現。政府也非常積極的利用補助的方式,鼓勵業者採用日本國產材進行木造建築的設計,活用在地森林資源。

清水寺建於778年　　　　法隆寺五重塔建於680年

日本傳統建築中就有大型木造建築,並使用了上千年。

2000年以前

1987年對木造建築高度限制稍微鬆綁至3層樓。大斷面集成材運用於大跨距空間設計。

完工年:1997
所在城市:秋田縣大館市
建築名稱:大館樹海巨蛋
樓高:50m
建築結構系統:穹頂結構

2000～2020年

取消對木造建築的高層限制，改以性能設計及評定的方式，判斷建造可能性。

完工年：2005
所在城市：金澤市
建築名稱：M-Building
樓高：5樓（15m）
建築結構系統：鋼骨內藏型木質結構

完工年：2013
所在城市：東京都
建築名稱：下馬集合住宅
樓高：5樓（15.8m）
建築結構系統：1樓RC，2樓以上木構造

完工年：2015
所在城市：東京都
建築名稱：赤羽集合住宅
樓高：4樓（15.6m）
建築結構系統：全木造（1小時防火）

完工年：2016
所在城市：高知市
建築名稱：高知縣自治會館新廳舍
樓高：6樓（30.1m）
建築結構系統：1-3樓RC造，4-6木造（集成材+CLT）

完工年：2017年
所在城市：東京都
建築名稱：國分寺FLAVERLIFE本社大樓
樓高：7樓（24.7m）
建築結構系統：1-3樓鋼構造，4-7樓鋼骨內藏型木質混構造

完工年：預定2020完工
所在城市：東京都
建築名稱：新國立競技場
樓高：
建築結構系統：「木與鋼的混合式結構」，展現60m出挑屋簷

2020年以後

拋出在都市建造木造高層摩天樓的願景。

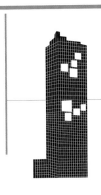

完工年：預定2041完工
所在城市：東京都
建築名稱：住友林業W350計劃
樓高：70樓（350m）
建築結構系統：鋼木混構造

臺灣的發展現況

臺灣現行建築基準法之規定,雖然木造建築住宅樓高限制為4樓,但非住宅類木造建築卻能有機會透過性能評定,將樓層高度突破4樓(14m)的限制。然而,考慮到木造防火性能、接合部的結構特性、乃至於不同結構材料混搭的木質混構造結構系統,對都市中的木造建築則有一定程度的影響。因此,雖然木造建築在臺灣之樓高可達4層樓高,但是由於施工規範下所認定的木造工法有限,例如目前木造樓板僅30分鐘防火時效的標準工法,然而建築技術規則規定防火結構物樓板須具備1小時防火時效,因此實際上設計4層樓的木造建築則有所限制。接合部及木質混構造的資料雖然有國外研究及實例,但臺灣是否可直接引用,或是需要實驗驗證則取決於政府的認定。

另外,在國稅局固定資產耐用年數表中,木造建築的耐用年限僅為10年,相較於鋼筋混凝土建築的耐用年限為50年短得多,易造成木造建築在融資貸款上的限制。然而事實上,世界上不乏使用年限超過50年甚至百年的木造建築,

成本上木造建築雖然初期在臺灣材料成本較高,但卻具有大幅縮短施工工期上及降低人事成本等優勢。

臺中WoodTek森科總部,利用CLT技術,從樓板、外牆都利用此新工法和材料構築。

2010年以前

受限於耐用年限及法規,新建的木造建築多為小規模私人住宅。

2010～2020年

推動修法及建材規格化,使高層木造建築可行性增高。

完工年:2014
所在城市:臺中市
建築名稱:WoodTek森科總部
樓高:5樓
建築說明:臺灣第一棟CLT結構建築。

新式木造建築概況表

資料截止日：2018/7

完工年	洲	國家	城市	案名	樓高
2005	亞洲	日本	東京	M-Building	5
2008	歐洲	德國	柏林	E3 Berlin	7
		瑞典	Eslöv	Lagerhuset	10
2009	歐洲	瑞典	Växjö	Limnologen	8
2011	歐洲	德國	Bad Aibling	Holz8（H8）	8
2012	歐洲	奧地利	Dombirn	Life Cycle Tower（LCT）One	8
2013	歐洲	義大利	米蘭	Cenni di Cambiamento	9
		挪威	Oslo	Pentagon II	8
		法國	巴黎	Maison de l'Inde	7
		義大利	Trieste	Panorama Giustinelli	7
		瑞士	蘇黎世	Tamedia	7
		奧地利	維也納	Wagramerstrasse	7
	亞洲	日本	東京	下馬集合住宅	5
2014	歐洲	英國	倫敦	Bridport House	8
		瑞典	斯德哥爾摩	Strand Parken	8
	亞洲	臺灣	臺中	WoodTek 森科總部	5
2015	歐洲	挪威	Bergen	The Treet	14
		英國	倫敦	Banyan Wharf	10
		英國	倫敦	Tradalgar Place	10
		芬蘭	Jyvaskyla	Puukuokka	8
	亞洲	日本	東京	赤羽集合住宅	4
2016	歐洲	挪威	Trondheim	Moholt 50/50	9
		英國	Norwich	UEA Blackdale Student Residence	7
	亞洲	日本	高知	高知縣自治會館新廳舍	6
2017	歐洲	英國	倫敦	Stadthaus	9
		英國	倫敦	Dalston Lane	9
		英國	約克	Sanctuary	7
	北美	加拿大	溫哥華	Tallwood House at Brock Commons	18
		加拿大	魁北克	Origine	13
	亞洲	日本	東京	國分寺 FLAVERLIFE 本社大樓	6
2018	歐洲	挪威	Brumunddal	Mjøstårnet	18
		奧地利	維也納	HoHo	24
	美洲	美國	波特蘭	Framework	12
2019	歐洲	挪威	Brumunddal	The Treet	14
		荷蘭	阿姆斯特丹	HAUT	22
		瑞典	Skellefteå	Kulturhus Skellefteå	18
		法國	Bordeaux	The Hyperion	18
未定	美洲	加拿大	溫哥華	Terrace House	19
		美國	芝加哥	River Beech Tower	40
	大洋洲	澳洲	布里斯本	5 King	10
	歐洲	瑞典	斯德哥爾摩	Tratoppen	40
		英國	倫敦	Oakwood Tower	80
	亞洲	日本	東京	住友林業 W350 計劃	70

木材的永續循環

若從環境觀點探討木造建築對環境的影響,毫無疑問的固碳就是其最大優勢。減少二氧化碳的排放量,一直是全球化的過程中持續被關注的話題。樹木在生長的過程中,透過光合作用吸收二氧化碳排出氧氣,被認為是在所有建材中,可以有效固碳的綠建材。然而,森林資源以及環境生態也在此議題中,不斷地被討論著,到底從生態環境的觀點上,應該如何來看待木材成為建材這件事對環境生態的衝擊及影響呢?

健康的森林資源永續觀念

森林中孕育著地球生態,是所有的生物鏈循環中非常重要的環境因子,必須毫無條件地被保留下來是相當重要的觀念。那麼,木材和建材間到底存在什麼關聯性?答案在於,對於成為建材的木材使用來源,必須是來自人工培植的森林所砍伐下來的木材,確保對原始森林生態不會產生絕對的衝擊。諸如此類的人工林培植觀念雖然在歐美日等國家並非新興觀念,但在臺灣卻一直是環保與資源的拉鋸戰。

事實上,在人工林的培植過程中,例如當一棵50年以上的成樹被砍伐成為木材的同時,在同一地點必須要有幼樹的回植是非常重要的一件事。透過不斷的砍伐、回植,並建立起如北美FSC(Forest Stewardship Council)、歐洲PEFC(Program for the Endorsement of Forest Certification schemes)或日本的間筏木等人工林認證機制,確保在使用人工林的同時,亦可保護原始林的完整性。

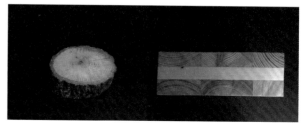

左圖為小徑木斷面,右圖為工程木材(CLT)

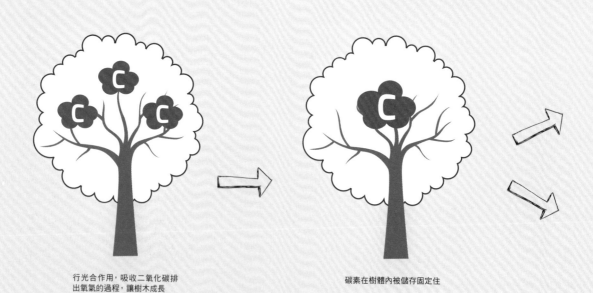

樹木的固碳說明

行光合作用,吸收二氧化碳排出氧氣的過程,讓樹木成長

碳素在樹體內被儲存固定住

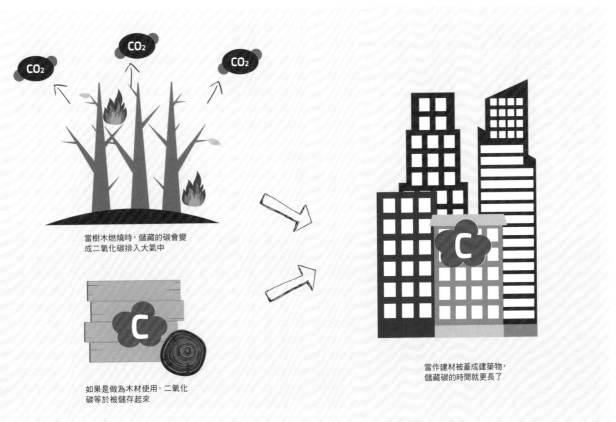

當樹木燃燒時,儲藏的碳會變
成二氧化碳排入大氣中

如果是做為木材使用,二氧化
碳等於被儲存起來

當作建材被蓋成建築物,
儲藏碳的時間就更長了

木造建築的固碳

那麼,在人工林的培植過程中,固碳行為又是如何被進行著?如前文提到,幼樹在生長的過程中,透過光合作用吸收二氧化碳排出氧氣的過程成長,同時也進行著吸收氧氣排出二氧化碳的活動。幼樹生長成成樹之後,光合作用的活性降低,吸收二氧化碳的能力也因而下降。當人工林被砍伐進而當作建材使用時,原本吸收的二氧化碳就可以建材的形式繼續儲存,另一方面,由於砍伐成樹接著進行的回植動作,可以確保固碳的行為由回植的幼樹,持續有效率地進行著。

當建材被興建成木造建築時,依使用功能不同可以有30～50年的固碳壽命,更新拆解這些木造建築的過程當中,

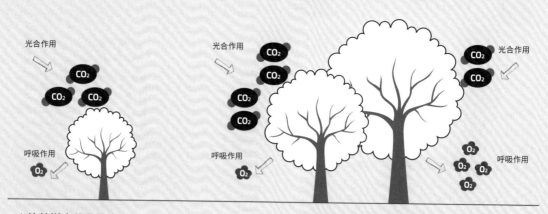

樹齡與固碳能力的關係

光合作用 CO_2 CO_2 CO_2

呼吸作用 O_2

1 幼齡樹木的固碳力高

幼齡樹木行光合作用活性較強,與成年或年老的樹木相比,相對會吸收較多二氧化碳

光合作用 CO_2 CO_2 CO_2

CO_2 光合作用
CO_2

呼吸作用 O_2

O_2 O_2 O_2 呼吸作用
O_2

2 成年樹的固碳力逐漸下降

隨著樹齡增加,成年樹木的光合作用活性變弱,吸收的二氧化碳相對較少

大部分的建材又可利用分解膠合的技術再製成結構用合板或是樓板家具等木製用品，繼續持續約10年左右的固碳壽命。最後進行分解燃燒，發電及產生的能源供給人類生活所需，排出的二氧化碳則可進入森林，提供幼樹光合作用。透過這樣的循環，每一根木材都有至少有40～60年的使用壽命。然而，當中高層或是大規模木構造建築進入

木材的天然循環過程中時，由於所需木構造構件為大斷面工程木材，這些大斷面工程木材構件在經過40～50年之使用週期後，可以繼續分解成小斷面構件供低層木造建築使用，固碳循環週期更可大大地被延長。不僅對森林資源的使用達到最大化，都市中也成為固碳及永續的生活環境。

3 成年樹作為建材將建築作為固碳工具
若已長大的樹木被製成木材蓋成建築，二氧化碳就如同被固定在建築中，建築就成為固碳工具

4 舉日本的表參道（都市）和森林為例
表參道上只有少數低層的木造建築，但木材的數量與同體積的森林一樣多

5 木建築讓城市也變成儲存碳的場所
若在表參道建造大量木造建築，都市就變成和森林一樣，成為儲藏碳的場所

森林的永續循環

森林

成為二氧化碳（CO2）

空氣中的二氧化碳，被樹木行光合作用吸收，
成為樹木成長的養分

做為能源燃料

木材廢料可做為火力發電原料

製成樓板、OSB板材

拆除低矮建築的結構，切碎交疊壓製成板材，
可用10年

製成大斷面構件
建造摩天大樓或大跨距結構材
可用30～50年

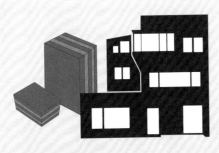

製成小斷面構件
拆除高樓後的結構，可用於低矮建築結構，
可用20～30年

名 詞 解 釋

■ 膠合技術

工程木材透過將小徑木膠合的方式達到所需的結構斷面或長度，通常以指接方式（Finger Joint）膠合而成。指接為將每一塊木料的尾端切成鋸齒狀來進行前後兩段之膠合，而木材的紋理方向需和集成材的長度平行。此方法使得森林中所砍伐的小徑木，也能透過膠合的方法膠合成大斷面構件。

■ 小斷面構件

北美的2×4工法或是日式的軸組工法，通常會使用的木構件斷面分別為3.8cm×8.9cm或10.5cm×10.5cm。此類斷面之構件可廣泛用來興建1～3樓的木構造建築，斷面相較於中高樓層的木造建築小。

■ 大斷面構件

大斷面構件泛指用來興建中高層或大規模、大跨距的木造建築的木結構構件。由於此類建築通常需要進一步考慮斷面的防火問題，斷面尺寸會超過20～30 cm，甚至更大。相較於北美的2×4工法或是日式的軸組工法常用的標準斷面大。

位於倫敦的Stadthaus高層木造住宅

位於東京的下馬集合住宅

木造技術的發展

現代都市中，到處充滿著鋼筋混凝土建築。臺灣早期常見的日式木造甚至是大木作建築，在都市中已經漸漸消失。木造建築由於傳統印象中，防火、抗震以及耐久性能上的疑慮，在都市中的建造發展受到了大幅度的限制。然而，近年來由於木造技術的長足發展，防火、抗震甚至是耐久性優越的木造技術已經有大幅度的進步，木造建築也因此慢慢重回都市發展，並往中高層及大規模木構造前進。其中最引人注目的，即歐美日在嶄新木構造技術的應用下，中高層木構造建築開始出現於都市。

2008年在倫敦落成的9層樓CLT集合住宅Stadthaus、2012年在澳洲墨爾本完工的Forte Living、2013年日本東京的5層樓下馬集合住宅等，甚至是2017年剛完工，位於溫哥華的UBC Tallwood House at Brock Commons，均可稱為都市木造的實踐案例。另外，在其他如奧地利維也納與加拿大溫哥華地區，在未來的幾年內均可預見超過20層樓的木構造建築。

木造建築給人易發生火災的印象

日本傳統木造住宅

板材加工

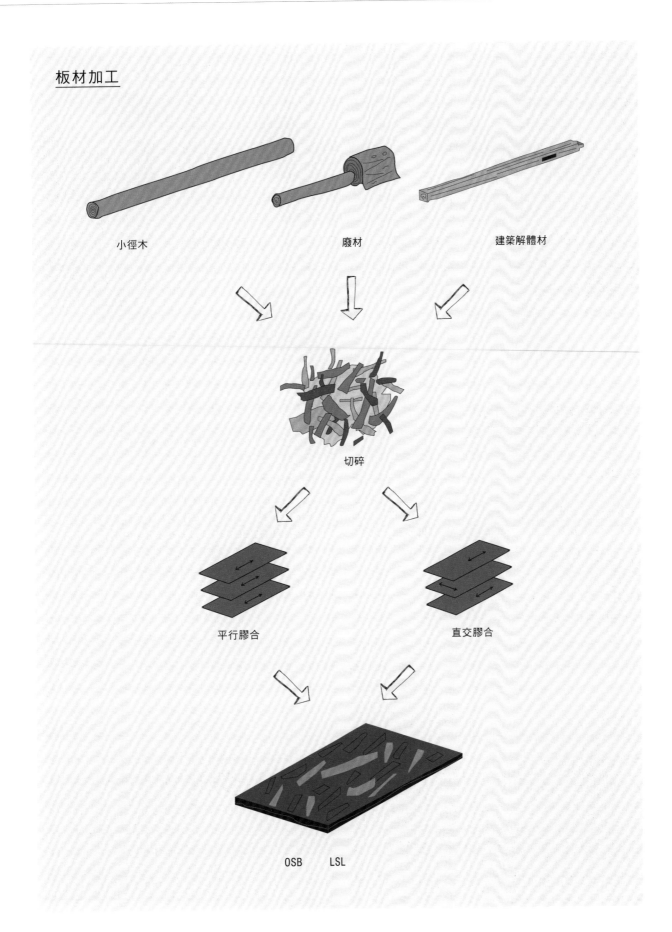

小徑木　　　　　廢材　　　　　建築解體材

切碎

平行膠合　　　　　　　直交膠合

OSB　　LSL

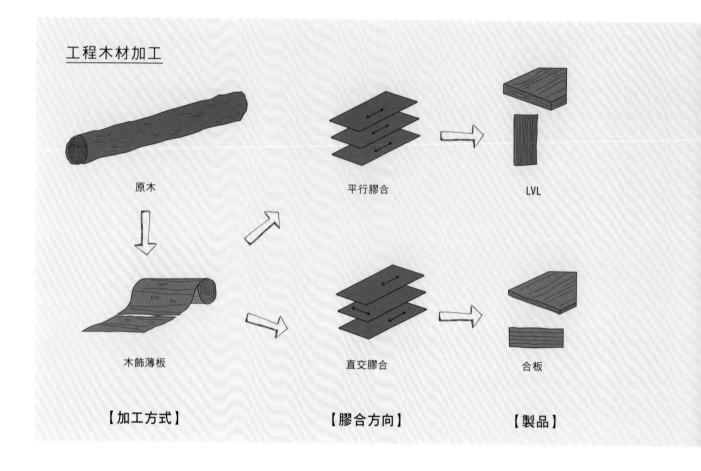

工程木材加工

原木 → 木飾薄板

原木 平行膠合 → LVL

木飾薄板 直交膠合 → 合板

【加工方式】　　　【膠合方向】　　　【製品】

亞洲的都市木造

日本和臺灣一樣位於颱風及地震頻繁的環太平洋地震帶上，先天上的劣勢限制了木造建築的有利發展。然而，透過新技術的開發及研究，近年來日本已經在木構造防火、抗震等技術上漸趨成熟，包括2005年日本建築研究所獨立研究的5層樓木質混構造振動台實驗，以及2008年及2009年分別與義大利CNR-IVALSA（National Research Council of Italy Trees and Timber Institute）及北美NEESWood合作的7層樓CLT集合住宅之振動台實驗，均透過實大振動台模擬實驗，檢證了中高層/大規模木構造的結構安全性。此外，日本自從2000年以來，由於建築基準法的大幅修改，對於中高層建築而言，木構造已經成為可能的選項之一。

對於臺灣而言，除了有2014年完工，目前臺灣最高的CLT木構造建築（地下1層，地上5層）──WoodTek森科總部外，亦有部分中層／大規模之木結構建築正在積極進行規劃設計。建築技術規則建築構造編第171-1條中規定，「木構造建築物之簷高不得超過14公尺，並不得超過4層樓。但供公眾使用而非供居住用途之木構造建築物，結構安全經中央主管建築機關審核認可者，簷高得不受限制」。亦

即，在臺灣的都市環境中，可以透過木結構安全性能的研究及檢證，完成公眾使用木構造建築在都市中的建造，實踐都市木造的可能性。

接著，從防火及抗震等技術觀點來探討都市木造的近代技術發展，就不得不從近年來工程木材技術的成熟與使用談起。目前木構造建築中主要使用的工程木材產品，不外乎集成材（Glulam）、LVL（Laminated Veneer Lumber）以及CLT（Cross Laminated Timber）等。不論是哪一類的工程木材，主要是透過小徑木（2～3 cm的單板或3～4 mm木飾板），膠合成大斷面的木結構樑柱構件（或板構件）。進行膠合過程中，除了可先透過對各單板間進行初期的乾燥及基本物理性能試驗（如楊氏模數、含水率等），並可同時進行單板等級分級，將等級相近之單板分類後進一步做膠合，使得各膠合構件之物理性質相近，材料性能更趨均質。對於以往木構造建築由於構件材料性質分布不均，常常只能用經驗來評估設計的角度來看，工程木材由於其製程及分級的工業化，使其更有利於使用數值模擬方法進行木構造的分析設計，對於木構造產品的規格化有著相當深遠的意義。

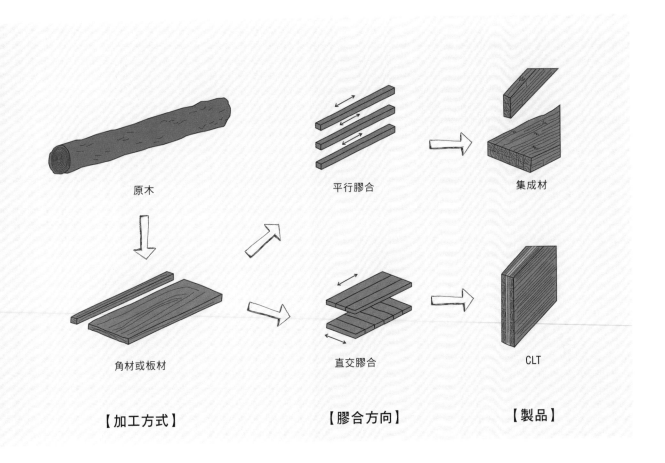

【加工方式】　　　　　　　【膠合方向】　　　　　　　【製品】

原木　　　　　　　平行膠合　　　　　　　集成材

角材或板材　　　　　直交膠合　　　　　　　CLT

大規模木構造組立情況

日本建築研究所木質混構造振動臺試驗

名詞解釋

■ CLT

為 Cross Laminated Timber 的簡稱，中文可翻為直交集成板或縱橫多層次實木結構積材。顧名思義，為上下兩層膠合板之木材纖維方向為直交（或縱橫），因此木材沿著紋理方向的強度會在上下不同膠合層間有90度的方向變化。比起集成材之強度沿著平行木材紋理方向呈現，CLT可在兩個方向呈現此強度。一般常用來當作板或牆等結構單元。

■ 楊氏模數 (Young's modulus)

為呈現材料受力與變形之間的比例關係。材料在彈性變形的條件下承受應力時會產生相對應的應變，此應力與應變的比值稱為材料的楊氏模數。

■ 含水率

木材的水分完全蒸發後的重量稱為「絕乾重量」，以此作為基準即可由以下公式計算出原有的木材含水率。木材含水率達到某地區溫度與相對濕度相對應時稱為平衡含水率，而臺灣的木材平衡含水率約為15％。

木材含水率＝〔（測試材重量－絕乾重量）／絕乾重量〕×100％

傳統木構振動臺實驗

機器預切榫頭

大木工製作榫頭

木造耐震

對於位處地震、颱風頻繁區域的臺灣而言，木造建築除了需考慮建築物的靜載重及活載重，解決地震、颱風所產生的水平力也是一大挑戰。然而，木構造的梁柱接合部性能不同於RC或是鋼構，可用「線材」為主要的構造形式，木構造為「線材」與「面材」共存的結構形式。「線材」為梁柱構件，主要用來負擔建築物的垂直載重，「面材」則為耐力壁或斜撐，提供抵抗水平荷載(地震力、風力)的能力。相較於RC或是鋼構可用剛構架(Rigid Frame)的方式提供整體結構系統抵抗水平力的機制，木構造的結構系統則必須思考以「面材」來抵抗水平力。因此，耐力壁的數量、配置是否會影響在水平力作用之木造建築，以及木構造接合部的接合形式等，都是木造建築衍伸出的特殊結構特性。

傳統木造建築均以榫卯接合作為構造的主要形式，因此在地震或颱風頻繁的區域，必須在原有構造外，增加可以抵抗地震力或風力的結構單元。現代常見的結構用合板，或是早期日式官舍常見的編竹夾泥牆，均為木造建築中用來抵抗水平力的重要元素。

機器預切榫頭通常較大工製作的榫頭短，也因此接合性能上會有一定的缺陷，然而機器預切榫頭耗時較短，精準度較高。不論是機器預切或是大工製作，結構上榫卯接合部均視為一可轉動的鉸接點，在水平地震力或風力的抵抗上不具效率。

現代木構採用的鐵件接合件

木構造大跨距網格薄殼結構系統（Grid shell），利用鐵件接合作為木構件網格構件間之接合單元。

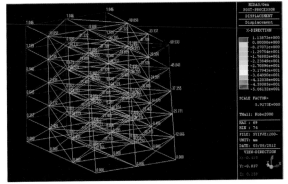

與早期由於木材材料性質變異性大，僅能以經驗或是保守估算的方式評估不同。現代木構造由於工程木材的普及和接合工法的規格化，木構造也可透過數值運算的方式進行結構設計與分析。

現代木構造常以鐵件接合件取代傳統的榫卯工法。結構上，接合鐵件通常較原有榫卯工法的榫接頭面積小，可減少由於接合部接合面積的缺損，造成破壞較容易集中。此外，由於鐵件接合部可視為半剛性接合，抵抗部分水平力。因此相較於全榫接的情況，可有效減少壁體的配置，空間規劃及設計上亦可較自由。

另外，各國針對結構用材針對不同種類的工程木材，均訂定出明確的強度、彈性模數等規範。使得以往只能用概略估算或是以經驗判斷的木構造，成為更容易使用的的木質材料。歸功於現代數值分析工具的長足發展，強度及材料性質規格化的工程木材，也可更容易地使用數值解析的方式進行評估。然而，高層木構造本身在接合部的模擬上，並非完全剛接合或是鉸接合，而是介於半剛性或非線性的關係，使得分析上較為複雜且需要較特殊的分析方法進行評估。

東京大學腰原研究室研究開發，並取得日本國土交通省認可的鋼骨內藏型木質混構造構件。

維也納工業大學Wolfgang Winter 研究室開發的鋼木組合樑構件。

名 詞 解 釋

■ 耐力壁

相當於剪力牆，為木造建築結構系統當中，主要用來抵抗地震或風力等橫向水平力之結構單元。

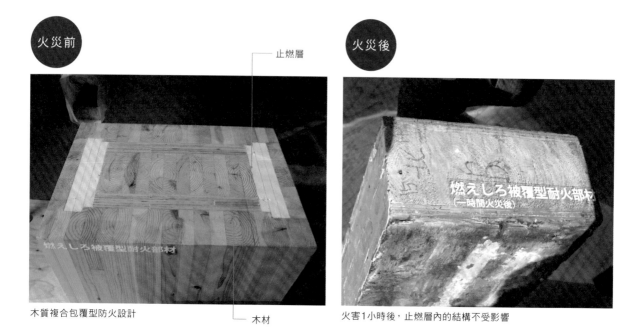

火災前　　止燃層　　火災後

木質複合包覆型防火設計　　木材　　火害1小時後，止燃層內的結構不受影響

木造防火

小斷面之木構造由於其有效面積較小，防火對策與大斷面木構造有所差異。舉例來說，一般野外求生時會以小樹枝為主要的起火源進行生火，生活經驗告訴我們使用大木塊來生火不但對生火沒有幫助反而會抑制火苗的成長。當大斷面木構造建築在面臨火災時，受火表面會產生炭化層，阻隔外部的氧氣深入木材的內部達到減緩火害侵入木材的功能。工程木材的炭化層亦可由實驗方式得到其燃燒時效與炭化層產生速率之間的關係。根據北美及日本甚至是臺灣內政部建築研究所的相關實驗數據可知，工程木材的炭化層產生速率約為每分鐘 0.6～1.0 mm。不同材種會有不同炭化層產生速度。然而，工程木材的膠合單板之品質亦會影響此炭化層產生的速率，例如日本的炭化層產生速率的相關實驗，是根據大斷面集成材、LVL 或含水率

15%～20% 間的 JAS 木構造製品為主。

近代的木構造防火，主要是透過了解炭化層的產生速率及物理性質，來控制在火害中對木構造的影響程度。其主要的觀念在於，以 1 個小時的防火時效為例，木構造之主要結構梁柱，必須達到火災開始 1 個小時後，其殘餘的結構斷面可針對建築物本身之長期載重（垂直載重）有基本的支撐能力，不產生倒塌的現象。因此，在滿足殘餘斷面可支持建築物本身之長期載重（垂直載重）之條件底下，再來進行所需炭化層厚度之檢討，以及對於其他水平載重之評估計算。木構造建築物也因此可以用科學的數值，估算得到在不同防火時效下基本所需之結構斷面。

防火構造物之設計─棟距

建築技術規則建築設計施工編110條

建物面對6m以上道路或永久空地

棟距 < 3.0m	屋頂及外牆：不燃材料具1小時防火時效
	開口：1小時以上之防火門窗
3.0m < 棟距 < 6.0m	屋頂及外牆：不燃材料具0.5小時防火時效
	開口：0.5小時以上之防火門窗

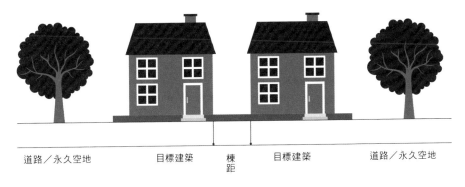

道路／永久空地　　　目標建築　棟距　目標建築　　　道路／永久空地

■ 基地範圍

木造結構的防火設計形式

隔熱防火型

木材
防火被覆材

H鋼骨內藏型

H型鋼
木材

木質複合包覆型

木材
止燃層
木材

防火構造物之設計

建築技術規則建築設計施工編110條

建物面為6M以上道路或永久空地

境界線退縮＜1.5m	屋頂及外牆：不燃材料具1小時防火時效
	開口：1小時以上之防火門窗
1.5m＜境界線退縮＜3.0m	屋頂及外牆：不燃材料具0.5小時防火時效
	開口：0.5小時以上之防火門窗

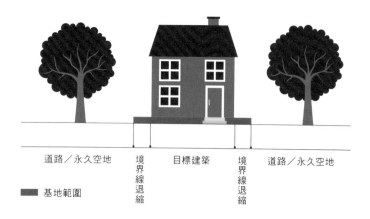

道路／永久空地　境界線退縮　目標建築　境界線退縮　道路／永久空地

■ 基地範圍

非防火構造物之設計

建築技術規則建築設計施工編84條之1

境界線退縮＜3.0m	屋頂及外牆：不燃材料具0.5小時防火時效
棟距＜6.0m	開口：0.5小時以上之防火門窗

建築技術規則建築設計施工編110條之1

境界線退縮＞6.0m	屋頂外牆及開口：不須以不燃材料覆蓋
棟距＞12.0m	

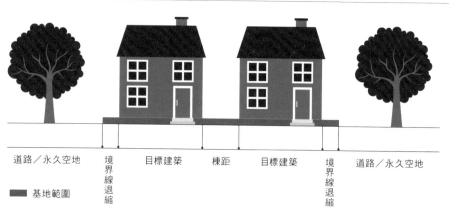

道路／永久空地　境界線退縮　目標建築　棟距　目標建築　境界線退縮　道路／永久空地

■ 基地範圍

各主要構造之防火時效規定

建築技術規則建築設計施工編70條

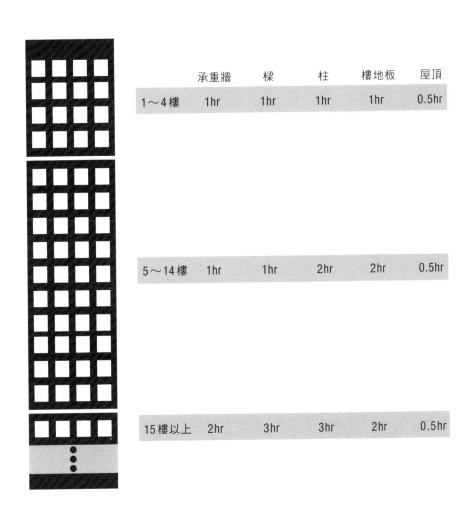

	承重牆	樑	柱	樓地板	屋頂
1～4樓	1hr	1hr	1hr	1hr	0.5hr
5～14樓	1hr	1hr	2hr	2hr	0.5hr
15樓以上	2hr	3hr	3hr	2hr	0.5hr

根據建築技術規則建築設計施工編70條規定,建築物樓高自頂層以下算起不超過4層之結構部位,應具有如圖所示之1小時防火時效。自頂層算起超過4層至第14層之各層樓,結構部位應具如圖所示2小時之防火時效。自頂層算起超過15層之各層樓,結構部位應具如圖所示3小時之防火時效。雖然在同章節第71條至74條間有描述各種不同材料及構造之防火性能,然而對木構造的防火性能描述較少,實際上若想設計多層木造建築,木構造的防火性能還需透過實驗檢證。

木造建築的實踐流程

木造建築由於是乾式施工,大多數的構件或金屬接合件都可在工廠預製,只需在現場進行組裝的工作。因此,所需人力較為精簡,但因安裝過程較為複雜且需要較高精準度,人力專業程度需求較高。施工現場不會有如模板等假設工程或泥作等濕式工程的進行,施工現場的作業環境品質較佳,亦不會有大量的能源消耗及廢棄物造成對環境的衝擊。

然而,對於木造建築而言,雖然近年已將結構材或接合構件規格化,然而施工工法及細部,相較於鋼筋混凝土構造或是鋼構造仍屬較繁雜。設計上,不同材種利用不同榫接、或搭配不同類型金屬接合物時,在結構性能表現上亦有不同,因此需要較熟練及專業的設計師及施工人員,才可確保設計上的安全無虞。

以日本「下馬集合住宅」為例

年分	建案進度說明		同時間相關大事記
2003	12月	業主原田登美男先生拜訪當時在東京大學坂本研究室的腰原教授	
2004	1月	第一次設計討論	
	2月	開始基本設計	
	6月	基本設計完成・細部設計開始	
2005	3/15-31	結構柱及結構樓板防火性能試驗(日本建築綜合試驗所)	偽造結構計算書事件
	4/12-14	結構柱及結構樓板防火性能試驗(日本建築綜合試驗所)	
	7月	柱及樓板防火性能之大臣認定申請	
	9/12	申請結構性能評定	
	9/27	第一次例會	
	9/27	取得柱及樓板1小時防火性能之大臣認定	
	9/27-28	屋頂結構防火性能試驗(日本建築綜合試驗所)	
	9/28-29	斜材構件接合部實驗①(東大生產技術研究所)	
	10/05	第二次例會	
	10/6-7	斜材構件接合部實驗②(東大生研千葉實驗所)	
	10/25	斜材構件接合部實驗③(東大生研千葉實驗所)	
	10/28	第三次例會	
	11/18	第四次例會	
	11月	屋頂防火性能之大臣認定申請	
	12/5	向日本建築中心(日本建築センター)提出建築執照申請	
	12/17	取得屋頂30分鐘防火性能之大臣認定	
2006	1/13	第五次例會	
	1/31	建築執照核發	
	2/2,22	樓板實驗①(東大生研千葉實驗所)	
	4/12-13	樓板實驗②(東大生研千葉實驗所)	
	5/15-17	樓板實驗③(東大生研千葉實驗所)	
	6/22	斜材mockup製作(東大生研腰原研究室)	
	7/19-21	樓板實驗④(東大生研千葉實驗所)	
2007	-	-	建築基準法修正後實施
	-	-	7/13 東京新聞

流程圖

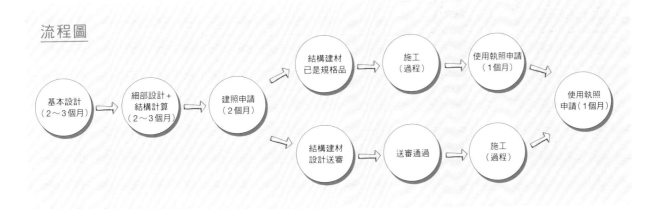

年分	建案進度說明		同時間相關大事記
2008	–	–	雷曼兄弟公司破產
	–	–	「住宅建築」二月號
2009	3月	開始進行建築基準法修正實施後的細部設計修改	12月舉辦Timberize Tokyo
	12/2	申請結構性能評定	Exhibition – 都市木造建築展 –
			「建築ジャーナル」四月號
2010	1/19	第一次例會	公共建築物等木材利用促進法實施
	2/05	第二次例會	5月 舉辦Timberize 建築展
	5/12	第四次例會	– 都市木造最前線 –
	9月	「木のまち整備促進事業」（木造都市維護推廣事業）通過決定	3/25讀賣新聞報導
	12/16	第五次例會・結構性能評定通過	「建築ジャーナル」七月號
			「新建築」八月號
2011	2/28-3/04	樓板振動・隔音性能實驗①（高知縣森林技術中心）	東日本大震災（3/11）
	3/14	向日本建築中心（日本建築センター）提出建築執照申請	4月成立team Timberize NPO法人
	3/30	建築執照核發	「日アーキテクチュア木造復權」
	4/01	樓板振動・隔音性能實驗②（高知縣森林技術中心）	4/12號
			「公共建築no.200木のルネッサンス」
2012	4/23	地鎮祭	6/20產經新聞
	12/17	開工	7/16 全国賃貸住宅新聞
			8/06 東京新聞
			10/03 FM東京「クロノス」
			「I'm home no.16」
2013	3/30	上棟	「THE JAPAN ARCHITECTURE
	9/26	竣工	89 木の建築」
			「日 アーキテクチュア
			都市木造の革新」4/10號
			「建築技術」五月號
			4/18　NHK「クローズアップ現代」
			4/22　週刊ビル經營

Chapter 2 | Timberize 設計提案

Timberize TOKYO 表參道的設計提案

team Timberize 的 7 組設計提案，主要目的為追求都市木造的可能性及實現性。針對各種木造建築物之類型、規模進行設定，利用現代最新木造技術，並以未來實際興建完成為目標，進行以設計、構造、防火等為中心觀點之設計提案。

30 | 30m 高木造樑柱系統之防火型結構
Lattice | 以立體無規則格子為結構中心的空間
Cube | 小跨距架構木結構的中層集合住宅
Petal | 由小斷面五角形格子樑單元展開的設計
Plate | 集成材折板系統之防火型結構
Solid | LVL 組成之大型木塊 Block
Helix | 應用彎木技術的雙螺旋結構

Timberize TAIWAN 都市高層設計提案

臺灣目前尚無都市高層木構建築的實踐案例，本書收錄 2 件都市木造高層設計提案，以及 2017 年 Timberize TAIWAN 舉辦的學生競圖前三名，盼做為思索臺灣高層木造建築的開端。

・都市木構造提案
　Nest Terrace | 方尹萍建築設計
　Treevago | 臺科大木質空間構造研究室

・臺灣木構造住宅建築的可能型態競圖
　木內・木上 | 高雄大學建築研究所
　現代都會中的多重棲所 | 東海大學建築系
　One For All - a diverse CLT housing system | 成功大學建築系

在以鋼筋水泥建築為主的表參道，植入木造意象的辦公樓。

>30
都市中的木造辦公樓

「30」為根據都市木造之原型（prototype）所設計，高約30ｍ之木造辦公用途建築（Office Building）。使用「炭化層披覆型」防火結構，柱、梁、壁、樓版等木質構造則直接反應在其結構體上。另外，結構設計方面，並分別由Ｘ方向之柱樑結構系統以及Ｙ方向之剪力牆服務核結構系統，所組合而成的「單軸向柱樑結構系統」。木造柱樑結構系統之柱樑接合部，由於炭化層披覆及木造構造形式關係，無法確保Ｘ軸向及Ｙ軸向間同時保有完全剛性接合的狀態下，使用各軸向不同結構系統的組合方式（柱樑結構＋剪力牆服務核），亦是解決此問題的合理設計形式。由此觀點，「單軸向柱樑結構系統」則可設計為木造Office Building之合理的工法及構造形式。

木結構的意象與行道樹相互呼應。

Design Data

用途｜事務所
樓數｜地面7樓
設計｜team Timberize 山田敏博・腰原幹雄

木造柱的空間

「30」的柱間跨距為6m長，主柱亦顯得粗壯。相較於鋼筋混凝土透過裝飾材表達的空間感，直接將木柱呈現於空間中，更能表達其率直的凜冽感。此外，透過壯大並帶有流動感的空間柱列安排，亦可和日本傳統木造與古代民家建築印象有所連結。透過如此操作手法來捕捉傳統建築及民居印象，相較於近代建築思想中將結構尺寸盡可能細小化的進程，或許也可在建築的洪流中激起一片漣漪。（山田敏博）

■ 提案展場的呈現實況

實尺寸構件及1:50之構造模型

■ 防火設計概念

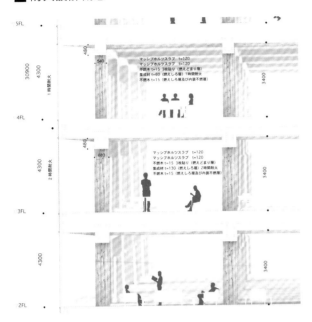

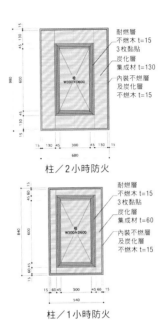

マッシブホルツスラブ t=120
マッシブホルツスラブ t=120
不燃木 t=15 3枚貼り (燃えどまり層)
集成材 t=60 (燃えしろ層) 1時間耐火
不燃木 t=15 (燃えしろ層及び内装不燃層)

耐燃層
不燃木 t=15
3枚黏貼
炭化層
集成材 t=130
內裝不燃層
及炭化層
不燃木 t=15

柱／2小時防火

マッシブホルツスラブ t=120
マッシブホルツスラブ t=120
不燃木 t=15 3枚貼り (燃えどまり層)
集成材 t=130 (燃えしろ層) 2時間耐火
不燃木 t=15 (燃えしろ層及び内装不燃層)

耐燃層
不燃木 t=15
3枚黏貼
炭化層
集成材 t=60
內裝不燃層
及炭化層
不燃木 t=15

柱／1小時防火

■ 結構設計概念

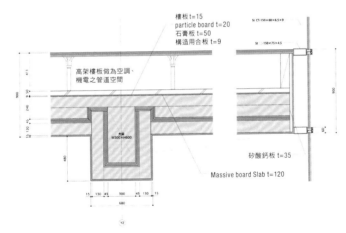

樓板 t=15
particle board t=20
石膏板 t=50
構造用合板 t=9

高架樓板做為空調、機電之管道空間

矽酸鈣板 t=35

Massive board Slab t=120

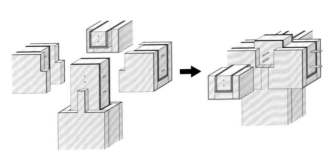

柱樑結構系統之接合概念

在鋼筋混凝土建築構成的街道上植入「格子森林」。

格子森林室內空間示意圖

Design Data ▬▬▬

用途 | 辦公室
樓數 | 地面6樓
設計 | 八木敦司・加藤征寬

>LATTICE
格子森林 Laputa Model

此構想的原點是來自格列佛遊記（ Gulliver's Travels ）中登場的天空之城 Laputa，宮崎駿導演的「天空之城 Laputa」最後一個畫面，也就是浮於天空之島「Laputa」崩壞的樣子，最具象徵性。被稱為飛行石的無重力化石一旦離開天空之城，原本借用化石之力緊密黏貼般建築而成的城會變得脆弱而瓦解，但是貫穿城的中心歷經數世紀成長的巨大樹木，經由層層包圍的樹枝和藤蔓等結構的包覆，飛行石並沒有因此崩解而漂往宇宙。若更進一步思考建築這種行為，其實重力就是結構的問題，而自然現象是環境的問題。當有了本案立體格子的想法之後，在構思的過程中，發現本案反應了空中之城所象徵的「巨大樹木」的印象。

抵抗水平力的木構立體格子

如同天空之城無法逃離重力，在思考建築的問題時，尤其是對地震多的日本來說，不僅只有考慮重力，來自地震力和風力的「水平力」對建築物的影響很大。面對此水平力時，當有柔軟且堅固如同生命體的物體，如同天空之城位於化石之中的大樹般的木構立體格子，在建物的中心負擔所有對建物的水平力，並負擔建築物由重力所傳遞的載重時，建築就如同被大樹包覆般讓人可緊密依偎。

■ 提案展場的呈現實況

EXHIBITION　實尺寸木構立體格子

EXHIBITION

實尺寸木構立體格子室內空間

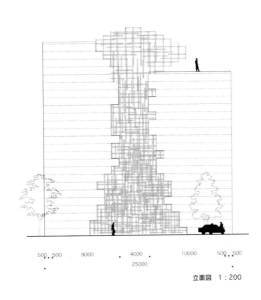

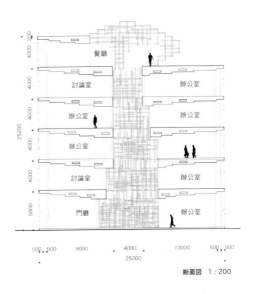

格子森林立面圖及剖面圖

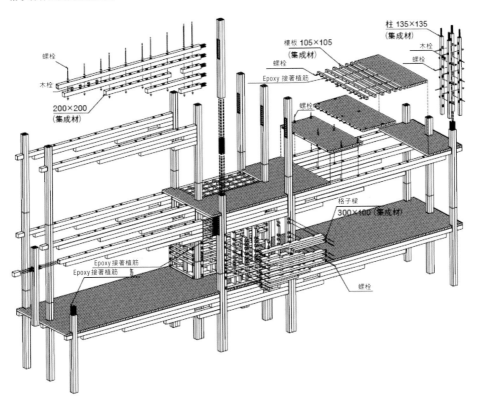

■ 結構設計

本計畫案是從柱、樑、及不規則面格子形成可抵抗水平力的框架結構。使用的木材有：柱子：135×135mm、樑：200×200mm、格子：300×100mm、地板：105×105mm等4種小斷面的集成材，重疊柱子和樑的小斷面（疊柱・疊樑）構成必要的木材斷面。由不規則面格子形成的剪力牆集中於核心區，加強核心區樑柱結構的剛性並負擔所有水平力，正立面側的列柱不負擔水平力，因此使用較細的柱子創造出對外開放的空間。隨著樓層往下，木構立體格子的數量和密度隨之增加，反映層間剪力往低樓層加大的分布狀態。（加藤征寬）

利用木材循環的原理，創造出可階段更新的 Cube 集合住宅。

Cube室內空間示意圖

Design Data

用途│集合住宅
樓數│地面5樓
設計│小杉榮次郎·腰原幹雄

>Cube
階段性更新集合住宅的木結構方案

「木材」是一種輕柔且容易加工具適度強度的建材,比起混凝土或鋼鐵也是非常「容易拆解」的建材,因此,若設定建築物改建的周期,就能計畫木材的再利用。日本自古以來將神宮原封不動搬到鄰近的古殿地,藉此可獲得神宮的永久性和永續性。然而這樣的遷宮儀式本身具備了建築(木材)的循環系統,現今的木造建築已具備防火性能想像,若將此構想用於都市的集合住宅,就可架構簡單的建築更新方案,Cube就是以此概念發展而成的階段性更新集合住宅。

具有成長週期的住宅改造思維

Cube是以30年期改建為前提的中層木造集合住宅計畫，以能夠容納10戶〈15 mCube〉為最小單位，構成大規模的集合住宅，各立方體由各屬的樓梯或是電梯連結互相補足彼此間不同的空間機能。利用2～3座的立方體組成集合住宅單元，每單元鄰接可階段性更新的改建用地，計畫整體配置依序讓立方體單位來進行建築物的更新，讓改建過程不會出現閒置空間的處理方式。

集合住宅是住宅高密度化下的產物，是構成都市景觀的主要要素之一，本身就是都市的景觀。若是如此，思考大規模木造集合住宅的樣態，就和思考將木造帶入都市的意義產生了連結。Cube的出現，都市的景觀將會有很大的改變，建築的循環或是社會的系統也都會和現在有所不同。

結構及防火設計概念

木造框架結構是穩定的立方體形狀，採用約2間（3640 mm）柱跨距提高結構上的合理性。沒有樑的配置，並利用直交集成材樓板傳達水平力。需具

備2小時防火性能的1樓柱子、牆，採用一般型防火被覆，從2樓地板到上部則採用炭化層被覆型防火設計。（小杉榮次郎）

■ 提案展場的呈現實況

Cube實尺寸框架結構系統

■ 配置設計

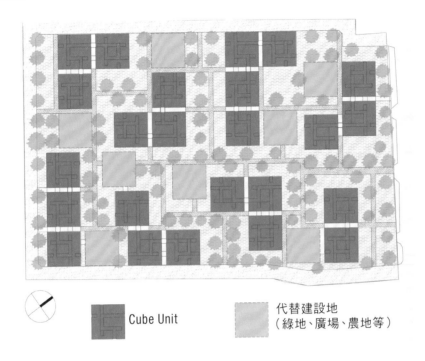

Cube Unit

代替建設地
（綠地、廣場、農地等）

■ 剖面圖

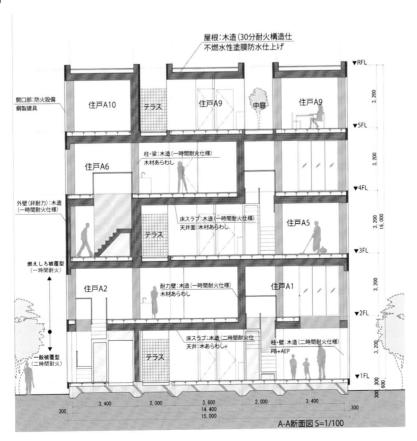

A-A断面図 S=1/100

>Petal
輕盈及量感並存的複合樑

在此設計提案中，並非使用一般的矩形格子樑，而是利用等邊五角形為基礎，將空間平面填充。五角形單元的中心部，由一根柱及30枚木製薄樑（寬200 mm高100 mm）組合而成的柱樑單元，連續疊合並建造完成的構造體。

Petal室內空間示意圖

Design Data

用途｜商業設施
樓數｜地面3樓
設計｜內海 彩・加藤征寬

借自然曲線組成木製薄樑

木製薄樑由和緩的圓弧形刻畫並互相交疊於中心柱接合，木製薄樑的開闊延伸處如同花瓣般延伸的尖端，和其他柱上所延伸出的木製薄樑尖端互相接合成型。利用平常不多見的幾何形狀，進行3瓣、4瓣、5瓣的花形或圓形，組合出各式各樣不同的造形，不僅可用單一種類的單元組合，而是可組合出多樣並複雜地空間表情及型態。「木」製薄樑的交疊重和，利用各自的輕盈感取代原有量感及壓迫感強烈的木構造，創造出一個嶄新的「木造空間」。（內海 彩）

■ 提案展場的呈現實況

實尺寸木製薄樑的幾何形狀

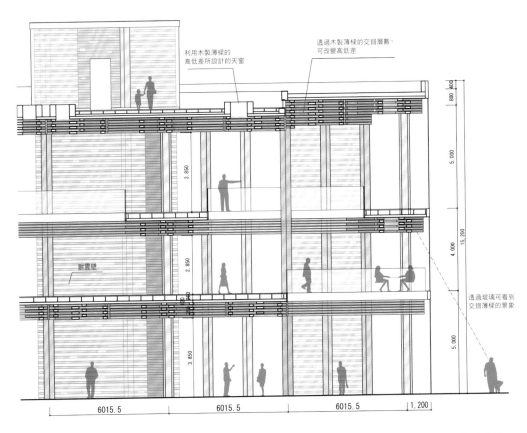

利用木製薄樑的
高低差所設計的天窗

透過木製薄樑的交錯層數，
可改變高低差

耐震壁

透過玻璃可看到
交錯薄樑的景象

剖面圖 S=1/100

Petal構造模型

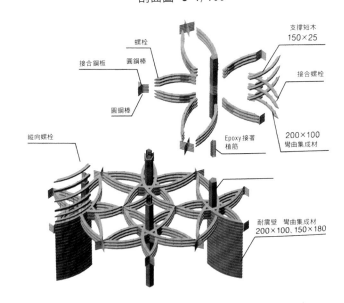

螺栓
接合鋼板
圓鋼棒
圓鋼棒
縱向螺栓

支撐短木
150×25
接合螺栓
200×100
彎曲集成材
Epoxy接著
植筋
耐震壁 彎曲集成材
200×100、150×180

■ 結構設計概念

Petal結構系統，由五角形斷面集成材柱及圓弧的花瓣狀LVL交疊組合樑，以及此圓弧形的LVL樑重複交疊組合成的耐力壁所組成。一組Petal（花瓣）由2列3段的小斷面LVL組成。柱的接合口開設水平接合槽，此接合槽用來卡榫接合LVL Petal，構成一組樑柱單元。針對柱樑接合部中大量集中的應力，在3段接合的LVL Petal間夾入木料填縫，使這部分的交疊樑斷面可發揮最大的效益。（加藤征寬）

>Plate
以20公分厚的集成材構成折板結構

對以往都是柱樑形式為中心的木構建築而言，隨著集成材加工技術的進步，有機會呈現至今一直無法達到的空間表現。此間小學以1跨距約8 m的十字折板為空間的基本單元。跨度決定後，建築物的單元網格並非完全一樣，而是隨著場所漸變、配合基地形狀調整型態，進而表現空間和緩的動態性。

Design Data

用途｜小學
樓數｜地面3樓，地下1樓
設計｜布施靖之・佐藤孝浩

抗震防火隔熱的連續折板系統

空間基本單位的交叉穹頂由厚約20 cm的集成材板塑形，就力學而言為「折板結構」，對於垂直、水平載重力能有效傳遞。因此，可以20 cm厚的無樑樓板，橫跨8 m的跨距。20 cm的折板裡，包含75 mm的炭化層（包含表面15 mm的不燃處理層）、45 mm的斷熱層，以達到1小時防火時效之防火結構，而對於長期載重（垂直）仍留有約80 mm厚度的安全斷面。炭化層及斷熱層不僅是內側結構體部分的防火披覆，同時亦抵抗短期載重（地震、風力），身負結構的有效機能。三層樓的建築物雖是由連續的折板結構構成，但可特別注意到1樓柱的形狀有所變化，使得各層空間產生不同表情。（布施靖之）

■ 提案展場的呈現實況

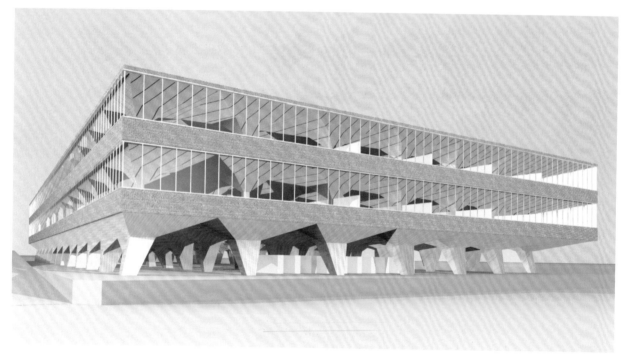

Plate 空間及結構系統模型

■ 3D示意圖

■ 防火及結構設計

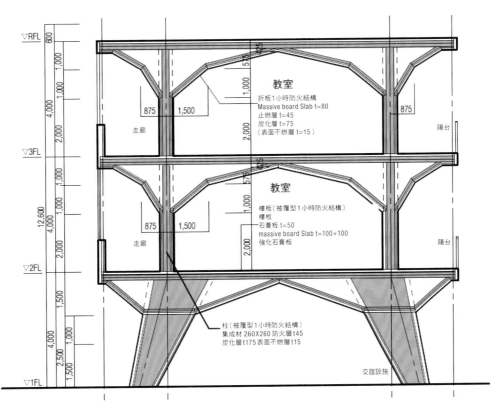

教室

折板1小時防火結構
Massive board Slab t=80
止燃層 t=45
炭化層 t=75
（表面不燃層 t=15）

走廊　　　　　　　　　　　　　　陽台

教室

樓板（被覆型1小時防火結構）
樓板
石膏板 t=50
massive board Slab t=100+100
強化石膏板

走廊　　　　　　　　　　　　　　陽台

柱（被覆型1小時防火結構）
集成材 260X260 防火層t45
炭化層t175 表面不燃層t15

交誼設施

Solid 在東京都市中心所呈現的巨大木塊景觀

>Solid
表参道中出現的巨大木塊

近年來由於集成材技術的發展，已經可能利用LVL（Laminated Veneer Lumber）來膠合出2 m立方的巨大木塊。利用此技術層層積組膠合，製造出巨大的木造板塊並在其間利用挖掘出的孔洞來形塑其中的建築形式及空間，為本設計提案的最主要目的。

Design Data

用途｜商業設施
樓數｜地面6樓
設計｜久原 裕・腰原幹雄

是結構體也是裝飾面

木材的特性較鋼骨或鋼筋混凝土為柔軟，更容易在形狀上做加工。在結構及防火安全的範圍內，亦可能在施工現場直接調整其造型，可謂自由度極高的材料。巨大木塊由於是由層層黏合而成，結構體本身也可作為最後的裝飾面材。施工材料及工時亦可降低，達到施工面及經濟面上的合理性。

「木塊Block」此一新型態的設計概念，和以往主要由柱樑結構系統所組成的木造建築印想有所不同。以壓倒性的壓迫感及木材質感，來表達和以往木造建築所帶給人們的親切感全然不同的都市景觀及印象。

由木材包覆的洞穴空間

穿過厚實的波浪狀木塊進入其空間後，即刻會感受到壓倒性地木造量體將人吸覆包圍。如同木造洞穴，抑或木造胎體空間。穿過木塊開口部滿溢於室內空間的光線令人充滿

無限想像。直接在木塊中削入微深的空間來當作椅子，或是展示用的棚架，均是木造空間中可臨機應變隨時加工處理的一大特徵。（久原 裕）

■ 提案展場的呈現實況

Solid實尺寸結構構件

利用木塊Block量體的挖掘形塑洞穴或胎體等不同機
能的木造空間。

3D模擬圖

■ 剖面圖

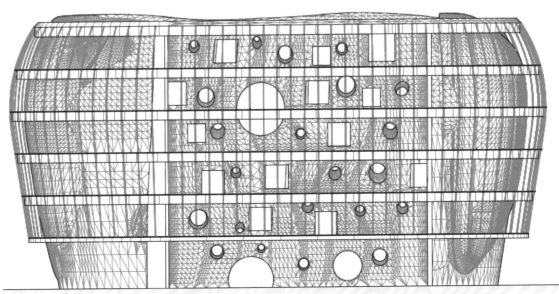

利用將 LVL 加工成螺旋狀的結構構件進行設計的 Helix

>Helix
木料的分解及組構

自山林採伐取得的木頭，基本上都是圓柱形，其高度及直徑尺寸大約齊落在某個程度。一般的利用方法是使用帶鋸及圓鋸等將這些木頭切斷，整形成為直方體，作為樑、柱材。另有一種主要的加工方法，是使用單板縱切機（rotary lathe machine），削切出單板。其方法就像是蘿蔔旋轉削皮般，旋轉原木削出薄板。之後將這些切削下來的單板重疊膠著，製成結構用合板或結構用LVL（Laminated Veneer Lumber）進行設計。提出活用加工成圓筒狀或螺旋形狀的「曲面LVL」為材之建築設計案的可能性。

Design Data

用途｜商業設施或辦公室
樓數｜地面6樓
設計｜樫本恒平・佐藤孝浩

兼具視覺造型及結構設計

Helix是一個直徑21公尺、高30公尺，圓筒形6層樓高的出租辦公大樓。由一樓至屋頂計旋轉90度的螺旋形曲面LVL材料，內層與外層各有12根進行結構支撐。因為內層與外層的旋轉方向反轉，所以呈現網目狀的交錯感。因此，設計想法為將其交叉點作為各樓層樓板的支撐位置。被編織為雙螺旋的曲面LVL，成為可確保外圍強度的筒狀結構。（樫本恒平）

■ 提案展場的呈現實況

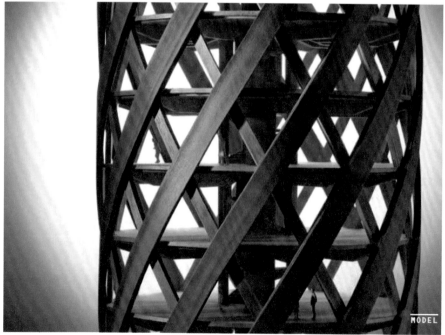

Helix構造模型

■ 3D模擬圖

■ 結構設計

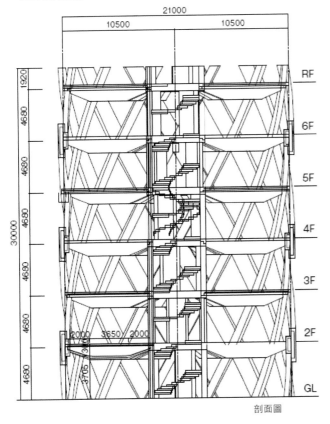

剖面圖

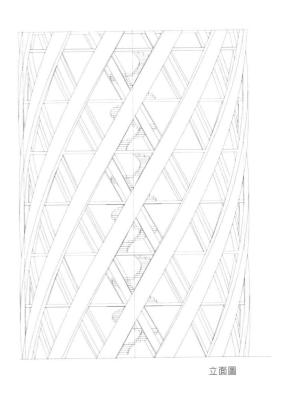

立面圖

築巢前

>NEST TERRACE鳥巢陽台
木構造住商混合公寓

Nest Terrace鳥巢陽台高層木構住商混合公寓提案,設定位於繁華都市的巷弄街廓中。在鋼筋水泥充斥的都市環境裡,將森林中的樹林意象與木頭的性能特性,引入逐漸溫室效應嚴重的都市街區中。透過樹枝狀木質混構造的構築,降低鄰近街區的碳排放量,以及為鄰近街區調節溫度之功能。在都市巷弄間,也彷彿走在森林中小徑中的感受。

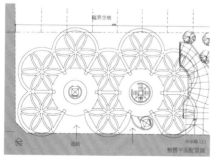

都市基地設定

築巢後

■ 建築設計概念

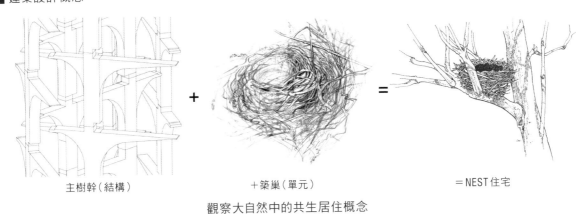

主樹幹（結構）　　　　　＋築巢（單元）　　　　　＝NEST住宅

觀察大自然中的共生居住概念

透過鳥兒在樹上築巢的天性，依照不同的狀態及需求，進行移動與遷移的行為後，再次到樹幹上築起自己新的巢。人在都市化後，逐漸失去築自己(專屬)巢的能力，如何透過如樹般存在的木建築結構存在，重新創造一個讓人與自然之間，彷彿鳥般的有意識及有情感的築上自己的巢。也同時與自然之間重新找回一種有機的共生狀態。

Design Data

樓數 | 地上5層
設計 | Adamas Architecture &Design 方尹萍建築設計
構造 | 蔡孟廷（臺科大木質空間構造研究室）
建築構造系統 | 鋼骨內藏型本質混構造
防火 | 炭化層防火披覆
模型製作 | 蔡雅君、周于然、王嘉豪
參與人員 | 方尹萍、鍾棋、蔡雅君、周于然、王嘉豪

■ 鳥巢陽台公寓室內空間示意圖

此概念以年輕創業者為主要租賃對象，依照住家＋工作室需求同時並存時，在公領域及私領域互不干擾又共存的自然居住提案。
依承租戶使用需求，可租賃最小一個單元至最大四個單元之彈性私領域及公共領域空間規劃。

■ 建築外牆材質種類

建築構造基礎示意圖

■ 可編織在外牆的天然建材

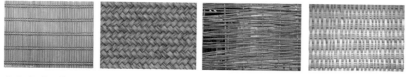

各承租戶可使用天然素材之材料，構築出如巢一般的隔間與外牆。

■ 單元組構元素圖解

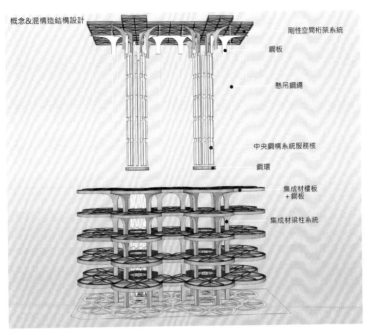

概念&混構造結構設計

剛性空間桁架系統
鋼板
懸吊鋼繩
中央鋼構系統服務核
鋼環
集成材樓板
+鋼板
集成材梁柱系統

六大組構方式混構而成之設計原理。

■ 結構與裝飾設計概念

大跨距的懸臂結構中，生命之花的形式，既是結構樑之功能，同時也兼備室內的裝飾性造型。

■ 正立面圖

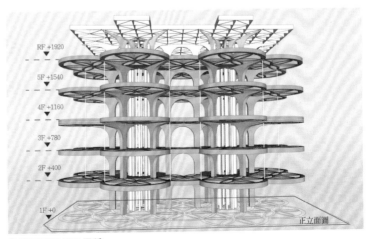

RF +1920
5F +1540
4F +1160
3F +780
2F +400
1F +0

正立面圖

各樓層高層標示圖說。

■ 提案展場的呈現實況

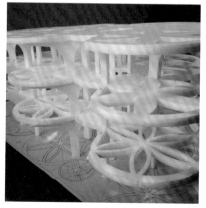

巢依附的樹幹概念，促使懸挑6米樓板穩定度提高，融合懸吊系統設計。

■ 防火設計概念

鋼骨內藏

木構造

鋼骨內藏型混構造

變斷面木構造懸臂樑結構可透過鋼骨內藏之方式達到增加結構剛性的效果。火災時，外部的木構造亦可透過炭化層的方式，保護內部鋼骨受到火害侵襲。

■ 結構設計概念

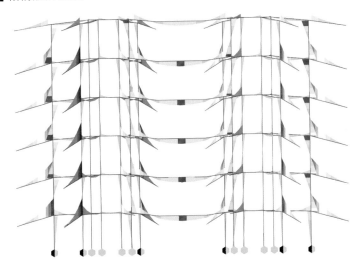

鳥巢居住單元以懸臂樑支撐時，在靠近木構造梁柱接合端會有明顯彎矩集中現象。

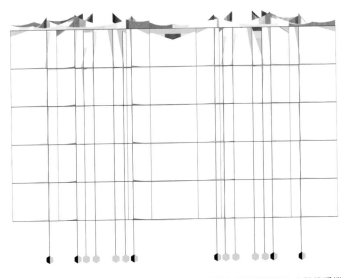

透過懸吊結構系統的方式，降低變斷面之需求，也讓木構造懸臂樑之力學傳遞機制透過懸吊，呈現較為合理的結構形式。

結構系統設計上考慮兩種不同傳力機制。其中一種傳力機制為鳥巢之居住單元以木構造懸臂樑支撐；另一種傳力機制則為利用懸吊結構系統。懸吊結構系統原理為在中央鋼構部分頂端增加一空間桁架，接著以鋼索將鳥巢居住單元之木構造懸臂樑端部懸吊，以懸吊方式將木構造懸臂樑之載重利用鋼索傳遞至屋頂空間桁架，接著透過此空間桁架將力傳遞至中央鋼構部分。

由結構分析結果可看出，當鳥巢居住單元以懸臂樑支撐時，在靠近木構造梁柱接合端會有明顯彎矩集中現象，可利用沿著木構造樑柱接合端加大樑斷面之變斷面構件解決此一問題，然而在變斷面之木構件製作上則會面臨一定難度。利用懸吊結構系統則有機會弱化木構造樑柱接合部彎矩集中的現象。然而屋頂空間桁架由於為主要的傳力機構，由分析結果可知會有相當大的應力集中現象。

考慮到木構造本身由於樑柱接合部較難以剛性接合模擬，變斷面之木構件在材料使用及製作上效率較低。因此透過懸吊結構系統的方式，降低變斷面之需求，也讓懸臂樑之力學傳遞機制透過懸吊，呈現較為合理的結構形式。

在屋頂平台上用木構造蓋出可讓居民互動的空間。

Design Data

樓數｜地面15樓
設計｜臺科大木質空間構造研究室
參與人員｜潘建廷、林威廷、蔡承哲、Gerald Theurl

>TREEVAGO
在都市老公寓頂層開關新生活空間

都市在高度發展下，往往容易犧牲掉既有的空地及休憩空間，形成一堵堵聳立的高牆，也間接將人與人之間的互動距離逐漸拉開。在人口密度、居住空間需求高的台北市，有將近7成的住宅為30年以上5層樓老公寓，形成眾多低矮的密集街區，而都市更新計畫卻也遲遲未明朗化的當今，思考利用「減築」的手法，將既有的RC老舊公寓之頂部部分樓層拆除，接著利用相較於RC較為輕巧的CLT（Cross Laminated Timber）進行增建及改修，預期達到降低整體建築物的總重量，實現增建的可行性。

從「擁抱大樹」的概念出發

將木構造的住宅視為城市中的大樹,而城市中的居民可在裡面以及延伸出來的公寓頂樓上,恣意享受木造的溫潤質感,並重新找回人與人的連結,形成新的「都市生活層」。

為增加創造空間的彈性以及人與人互動的隨機及有機性,以空間單元的形式來思考設計,樓板及隔間可依據需求及設定來組合出需要的空間單元數量及空間形式,而要達成此空間彈性也要有相對應的結構系統。挑空樓板的預設形式為一層樓在8個空格裡設定連續兩格為綠帶空間,每往上一層樓則會旋轉一格,藉此形成一個挑空的空間及在立面上具有連續綠帶的效果,而4棟建築物會在特定的綠帶格之間設計走道串聯,以達到自由行走於各棟建築物的可及性,在最外層設立連續緩坡道,更可直接串連各棟建築物的動線,將預期的互動性大大提高。

在剖面圖上可見,將現有的公園連結到舊有屋頂層,再連結到新建的住宅。延伸出來的木造附屬空間,更增加了民眾可自由在內使用的舒適性、到達公寓頂樓新生活層的可及性。

目前都會區老公寓因使用空間不足衍生的頂樓加蓋現象。

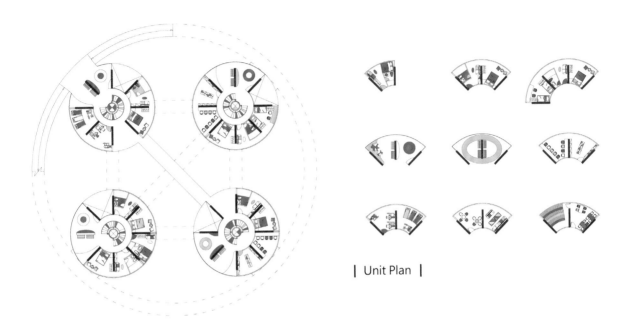

| Unit Plan |

樓層平面及各單元設計規劃。

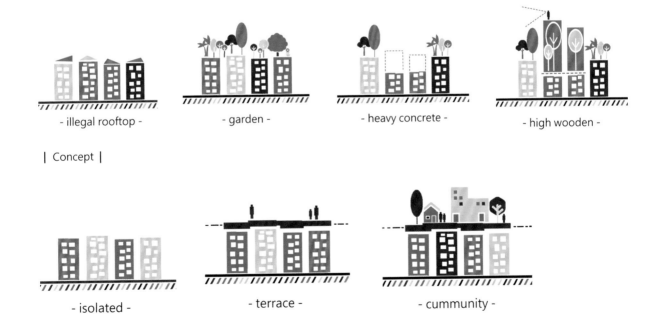

- illegal rooftop -　　- garden -　　- heavy concrete -　　- high wooden -

| Concept |

- isolated -　　- terrace -　　- cummunity -

連結既有的屋頂平台,使公寓的舊有平台形成新的地面層,在其上創造新的都市生活空間。

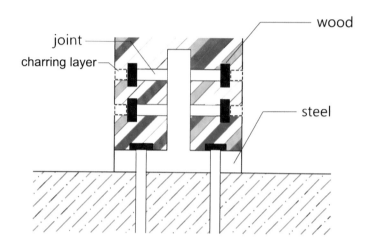

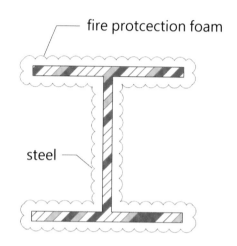

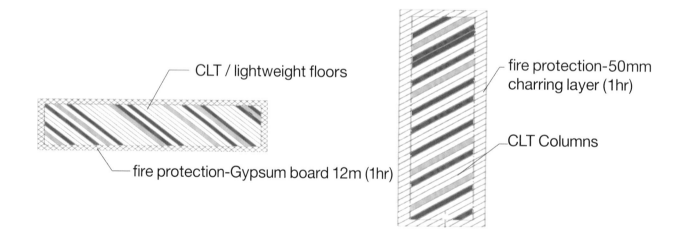

■ 防火設計

將木構造結構斷面外層再加上足夠的炭化層厚度,讓火災燃燒時能形成炭化層並阻絕火源進入內部,以求達到1～2小時的防火時效。左圖是螺栓和垂直CLT牆板的接合圖,在螺栓接合部外面回填5公分的木材,以達到在1小時火害下,亦能保護金屬接合部的目的。

在鋼構部分採用防火披覆,CLT部分則在外圍多增加5公分厚度的炭化層,以達到1小時的防火時效。

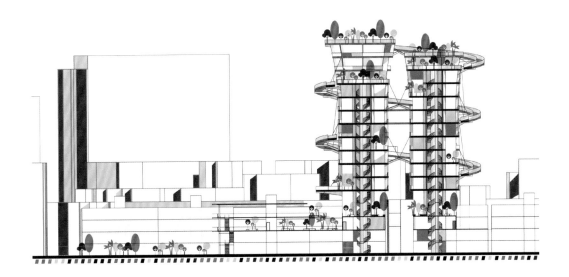

■ 結構設計

在結構部分,將既有公寓的三四層樓拆除,以減少建築物的自重,並從地面層建立
CLT/鋼構電梯,做為建築物的主要結構。中心的主要結構及垂直棟現為CLT/鋼
構造,並延伸至地盤,其外有8片CLT的承重牆作為垂直支撐及隔間的需求,而後
再根據空間需求來決定置入樓板的位置。在構造設計部分,在不同構件及材料之間
也都擁有不同的接頭及材料形式,以利形成最合適的力學傳遞機制。

戶外透視圖。

>WOODin，WOODon 木內・木上
中古RC住宅重建以外的永續可能

全球氣候變遷日益嚴重，台灣在此狀況下居住環境亦趨惡劣。世界各國為因應各種環境現況，簽訂氣候協議以減少碳排放與能源使用，包含永續森林經營、推廣木構造與改修老舊建築物等手段。然而相關議題在國內仍未受重視，大量採購進口木材、建築構造仍以RC為主流，改修老舊建築物符合綠建築標準尚在推廣鮮少落實。

人們在過去的半世紀大量使用鋼筋混凝土營造出都市面貌，為環境埋下不可逆的種子並成為現在的困境。然而環境不可逆，民眾對住宅的想像已經被侷限於RC構造，且若大量拆除RC建築物仍有建築廢棄物等問題。木質構造建築於都市中的機會並非僅於拆掉既有RC建築然後新建一棟理想的木質構造建築。若能以合適的設計與工法妥善改造現存的中古RC建築，一一面對現存的環境、都市與建築課題並提出合理對策，方為本案所設想的方向。

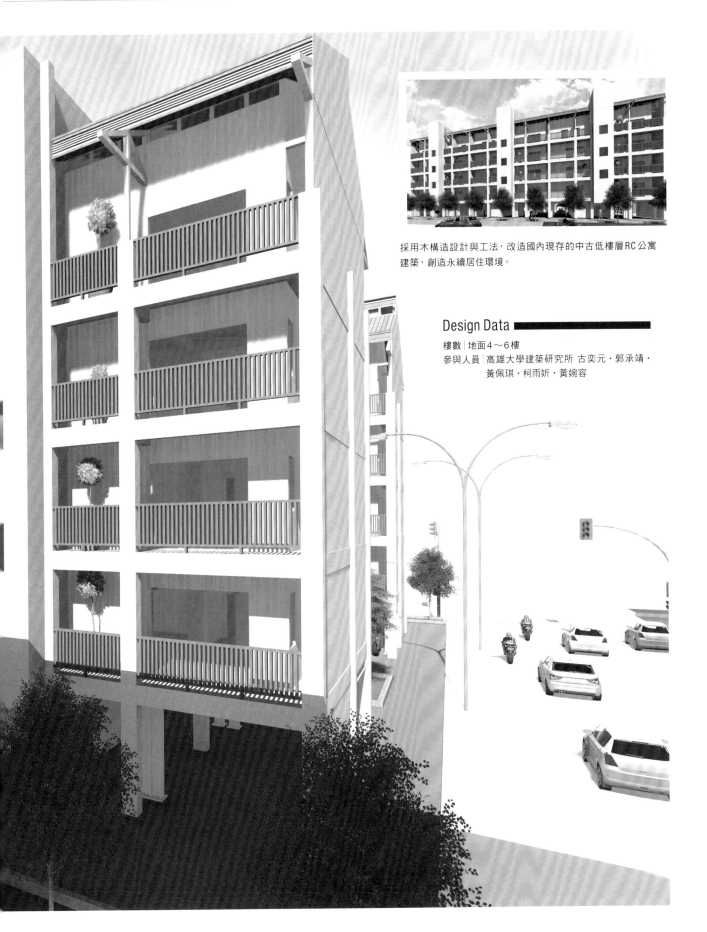

採用木構造設計與工法，改造國內現存的中古低樓層RC公寓建築，創造永續居住環境。

Design Data

樓數｜地面4～6樓
參與人員｜高雄大學建築研究所 古奕元・郭承靖・
　　　　　黃佩琪・柯雨妡・黃婉容

以木構造探尋住宅更新的永續可能

因此本提案以改建老舊RC公寓為主要目標，避免大規模重建產生建築廢棄物，利用低熱容量木材替換原有中古公寓的RC皮層，降低室內溫度，進而降低能源使用，而木構造皮層同時做為承重剪力牆抵抗水平橫力，增加建築結構系統之韌性。

在市場推廣方面，木構造牆體採現場組裝，簡化製材程序避免受限於設備，亦增加現場施工便利性。使用大量本土木材，促進國內永續林業經營符合國際減碳協議。總體建物而言，高度增加、戶數減少、總容積略增、主要空間移轉為公共空間、降低居住密度、增進生活品質。

提案模型。

■ 防火設計

視建築物方位與策略，新設牆體退縮產生出簷深度，避免陽光直接加熱原RC結構體，亦防火向上及水平方向延燒。

■ 結構設計

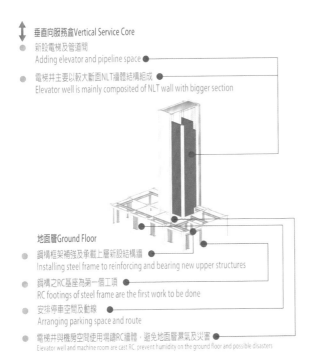

↕ 垂直向服務盒 Vertical Service Core
- 新設電梯及管道間
  Adding elevator and pipeline space
- 電梯井主要以較大斷面NLT牆體結構組成
  Elevator well is mainly composited of NLT wall with bigger section

地面層 Ground Floor
- 鋼構框架補強及承載上層新設結構牆
  Installing steel frame to reinforcing and bearing new upper structures
- 鋼構之RC基座為第一個工項
  RC footings of steel frame are the first work to be done
- 安排停車空間及動線
  Arranging parking space and route
- 電梯井與機房空間使用場鑄RC牆體，避免地面層濕氣及災害
  Elevator well and machine room are cast RC, prevent humidity on the ground floor and possible disasters

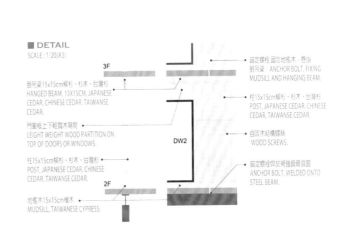

■ DETAIL
SCALE : 1/20(A3)

3F

吊屍梁15x15cm檜杉、杉木、台灣杉
HANGED BEAM, 15X15CM, JAPANESE
CEDAR, CHINESE CEDAR, TAIWANSE
CEDAR.

門窗框上下輕質木隔間
LEIGHT WEIGHT WOOD PARTITION ON
TOP OF DOORS OR WINDOWS.

柱15x15cm柳杉、杉木、台灣杉
POST, JAPANESE CEDAR, CHINESE
CEDAR, TAIWANSE CEDAR.

2F

地檻木15x15cm檜木
MUDSILL, TAIWANESE CYPRESS.

DW2

- 錨定螺栓 固定地檻木、懸掛
  到吊梁 ANCHOR BOLT, FIXING
  MUDSILL AND HANGING BEAM.
- 柱15x15cm柳杉、杉木、台灣杉
  POST, JAPANESE CEDAR, CHINESE
  CEDAR, TAIWANSE CEDAR.
- 自攻木結構螺絲
  WOOD SCREWS.
- 錨定螺栓焊於補強鋼骨頂面
  ANCHOR BOLT, WELDED ONTO
  STEEL BEAM.

以一地上4層雙拼6連棟公寓設計演示案例，地面層打開變更為公共空間，以H型鋼補強保持開闊性。

以現場組裝釘著集成材牆體、框組壁式工法打造低熱質量新外牆皮層，再拆除原有RC外牆。

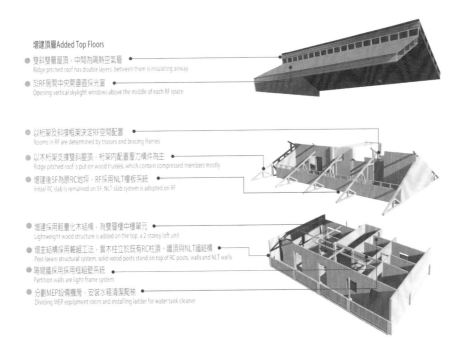

增建頂層 Added Top Floors
- 雙斜雙層屋頂，中間為隔熱空氣層
  Ridge pitched roof has double layers, between them is insulating airway
- 於RF房間中央開垂直採光窗
  Opening vertical skylight windows above the middle of each RF space

- 以桁架及斜撐框架決定RF空間配置
  Rooms in RF are determined by trusses and bracing frames
- 以桁架支撐雙斜屋頂，桁架內配置壓力構件為主
  Ridge pitched roof is put on wood trusses, which contain compressed members mostly
- 增建後5F為原RC地坪，RF採用NLT樓板系統
  Initial RC slab is remained on 5F, NLT slab system is adopted on RF

- 增建採用輕量化木結構，為雙層樓中樓單元
  Lightweight wood structure is added on the top, a 2-storey loft unit
- 增主結構採用樑組工法，實木柱立於既有RC柱頂、牆頂與NLT牆結構
  Post-beam structural system, solid wood posts stand on top of RC posts, walls and NLT walls
- 隔間牆採用框組壁系統
  Partition walls are light-frame system
- 分劃MEP設備機房，安裝水箱清潔爬梯
  Dividing MEP equipment room and installing ladder for water tank cleaner

於頂層增建雙層木構造單戶單元，為斜屋頂、挑空室內空間。以樑柱系統、桁架與斜撐搭起雙斜雙層屋頂增建頂層，達到原RC建物降溫之功效。而現場組裝釘著集成材牆體做為補強結構材，可增加載重強度及系統韌性。

>三代同室─現代都會中的多重棲所
垂直木構合院重劃三代生活

二戰之後的亞洲，或多或少走向西方化和所謂「現代化」的都市發展路線，過去水平低矮的城市景觀已不復存在，取而代之的是垂直化和高密度的現代都市。本提案的基地選擇放在台北市大同區斯文里整宅，高密度的都市居住同樣帶來高密度的生活機能。

人們的居住方式也相應地發生了轉變，家族式的聚居分散成一個個核心家庭。更高的效率背後卻是更多家庭生活的缺失─青壯年外出工作，小孩缺乏陪伴，老人無人照護。是否有機會讓大家能相互照護一起玩耍，亦達成在地老化之概念，而非依賴養老中心？

Design Data

樓數│地面2～4樓
參與人員│東海大學建築系 張家豪・王盈・李蘭若

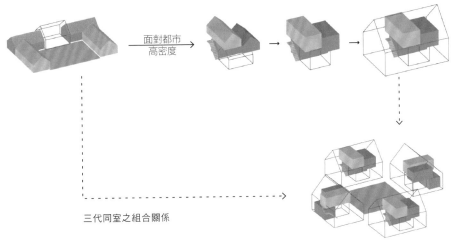

面對都市
高密度

三代同室之組合關係

斗拱是中華古代建築中特有的形制,是較大建築物的柱與屋頂間之過渡部分。其功用在於承受上部懸出的屋檐,將其重量或直接集中到柱上,或間接的先納至額枋上再轉到柱上。

立體化重組家庭關係及空間結構

傳統住宅:堂、埕、公共空間,這樣的空間反映了家庭的結構。面對當今高密度的都市生活,傳統三合院的組成結構勢必需要轉變、融合,而家庭結構與社會關係亦應重新再結構。

傳統三合院關係加上現代高密度都市,會形塑出什麼樣的新形態空間呢?首先將傳統住居空間語彙拆解,重新思考家庭關係與木構如何連結生活,因此形成一個包覆的半公共皮層;接著將平面的三合院的空間關係立體化,以簇群關係共同圍塑鄰里照護關係。空間策略以簇群共同圍塑公共空間,三代同室的簇群關係就此建立,而互相照護作為核心的目標。

這個提案的概念在空間上,試著拉出公共到私密的層次,重立立體化的住宅關係。語彙上利用木構材的結構特性和斗拱力學特性與象徵,重組現代三代同室的家庭結構。系統上則形成群組的方式,相互補充相互支撐,改善單元獨立存在時結構與機能上的不足。

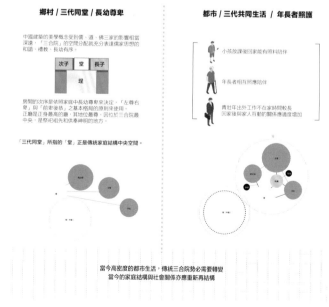

鄉村 / 三代同堂 / 長幼尊卑

中國建築的美學概念受到儒、道、佛三家的影響相當深遠,「三合院」的空間分配就充分表達儒家思想的和諧、禮教、長幼有序。

次子　堂　長子
埕

房間的次序是依照家庭中長幼尊卑來決定,「左尊右卑」,與「前堂後寢」之基本格局的原則來使用。正廳是正身最高的廳,其地位最尊,因位於三合院最中央,是祭祀祖先和供奉神明的地方。

「三代同堂」所指的「堂」正是傳統家庭結構中央空間。

都市 / 三代共同生活 / 年長者照護

小孩放課後回家能有照料陪伴

年長者相互照應陪伴

青壯年出外工作不在家時間較長回家後與家人互動的關係應適度增加

當今高密度的都市生活,傳統三合院勢必需要轉變當今的家庭結構與社會關係亦應重新再結構

家庭結構的今昔對照。

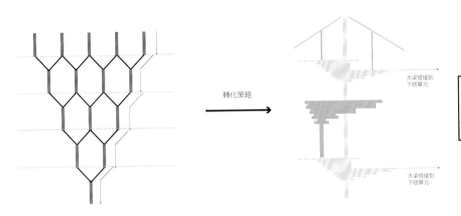

轉化策略

大梁搭接到
下個單元

大梁搭接到
下個單元

斗拱『精神象徵』托起結構
概念上、結構上達成對住家的象徵與詮釋

力學傳遞簡圖

將斗拱的力學傳遞原理運用到整個建築的尺度

就木構住宅討論，從遮風擋雨的簷下到鄰里閒聊的騎樓，斗拱透過力
學特性支持半公共空間的建立。而木構語彙在現代都會中帶給我們新
的啟發，讓我們可以更積極地思考斗拱之於公共空間的意義。

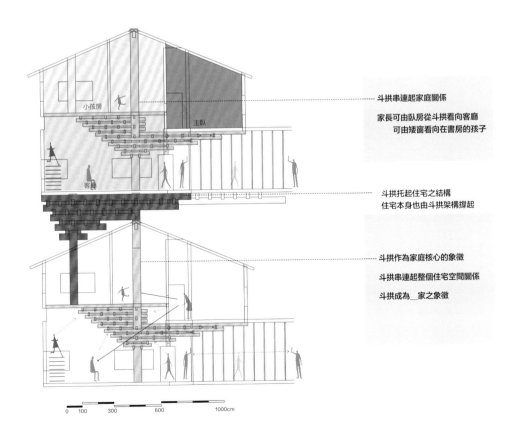

斗拱串連起家庭關係

家長可由臥房從斗拱看向客廳
可由矮窗看向在書房的孩子

斗拱托起住宅之結構
住宅本身也由斗拱架構撐起

斗拱作為家庭核心的象徵
斗拱串連起整個住宅空間關係
斗拱成為_家之象徵

小孩房

主臥

客廳

0   100   300   600   1000cm

■ 結構設計

一戶住宅透過一個斗拱撐起，在整體概念系統上，將相鄰的單元串聯
成完整的框架系統，因此一戶住宅用斗拱撐起兩層樓，四戶住宅用斗
拱連結成一個群組，四個群體連結為整體社會住宅配置，重疊的部分
則打開來成為公共設施和垂直動線。

>One for All
一勞永逸，多樣化的CLT住房系統

傳統建案是一種商品化，制式化的住宅，建商決定了一種格局，並將它用於所有人身上。於是住宅選擇受限於隔間，坪數，購買房子的人只能選擇這種封閉與孤立的生活狀態。被關在一成不變的水泥盒子裡。

現在都市人口結構改變，小家庭的比例下降，充斥著不同生活型態與族群，包括頂客族，青年族群，共生家庭，在家辦公等等。如何設計一套系統符合所有人需求的住宅產品是我們的課題。

Design Data

樓數｜地面3樓
參與人員｜成功大學建築系 連長慶・林琮楠

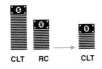

CLT 成為可負擔的住宅產品
affordable CLT housing

街屋空間品質改善
refine traditional housing

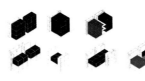

防震防火效能
fireproof and seismic

提供多種住宅類型的系統
a diverse housing system

模組構件自由組合

本提案的概念是「one system fits all」，傳統的可變平面是提供切豆腐（隔間）的自由度，嘗試將模矩發展為類似積木的系統，這樣便能提供空間、格局與造型上的自由和可變。嘗試將住宅模矩化，並加以拆解為一套構件，那便能將這套構建自由組合。用最少量的CLT板材，發展出最大限度，不同的住宅可能。

系統上分為兩種構造，RC部分容納了樓梯、衛浴及管道間等服務性空間，浴廁外面並設置一處陽台，以便裝設洗

衣機、熱水器等設備。木造部分採用CLT，架構於1樓的RC構架上，分為承重牆，樓板，外牆三種不同單元。 結構系統採用水平─垂直載重傳力機制分開的設計，RC部分以剛性構架與平面長短向剪力牆承擔水平載重，CLT牆板只需承擔自身垂直載重。RC部分也可作為街屋單元之間的防火構造，將服務空間，結構，防火整合在一起。

住宅格局類型主要分為六種：一般長向及橫向獨棟透天、長向及橫向分層公寓、融入社區性的共生住宅及青年公寓。

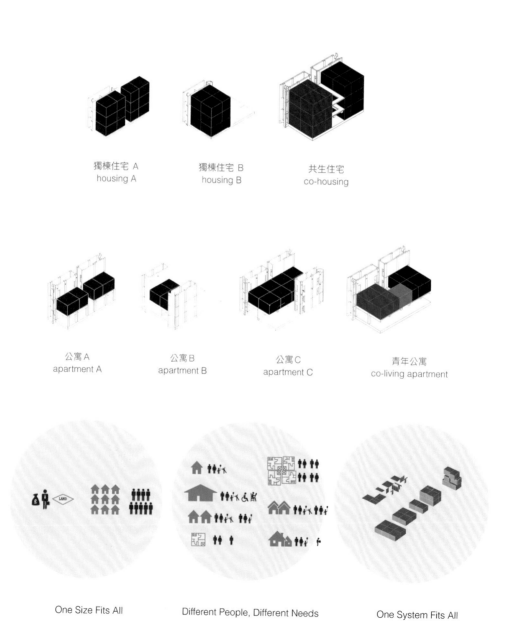

獨棟住宅 A
housing A

獨棟住宅 B
housing B

共生住宅
co-housing

公寓 A
apartment A

公寓 B
apartment B

公寓 C
apartment C

青年公寓
co-living apartment

One Size Fits All　　　　　Different People, Different Needs　　　　　One System Fits All

■ 結構設計

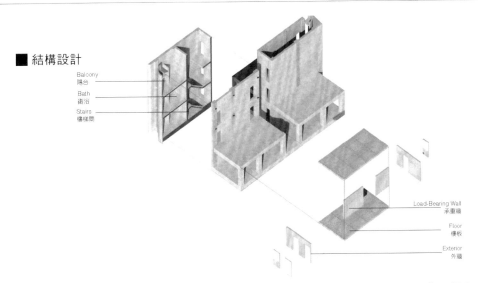

CLT部分分為三種主要構件：樓板、外牆與承重牆。以十種基本模矩單元版可組合出各種不同變化，包括陽台退縮的立面變化及住宅內部格局與類型變化。

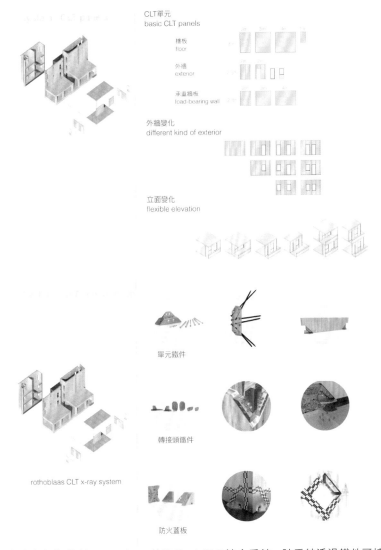

CLT板之接合細部參考rothoblaas的X-Rad CLT接合系統，該系統透過鐵件可接合CLT板與板，及CLT板與RC構造，接合鐵件主要分為三個部分，分別是單元鐵件、轉接頭鐵件與防火蓋板，其優點在於可以快速地組裝且易於拆卸重複利用。

Chapter 3 | 都市中的木造實踐案例

本章以日本及歐洲已經實踐的都市木造建築做為例子,說明設計概念及設計過程,藉他山之石做為借鏡,思考在臺灣的都會區中,能夠如何嘗試加入永續又符合在地條件的「都市木造」。

日本
· M Building
· 下馬集合住宅
· 赤坂住宅
· 國分寺集合住宅

英國
· Stadthaus
· WHITMORE ROAD
· Dalston Lane

德國
· CLT風力發電機

外露的結構是表情相對溫潤的木材。

>M Building
以木質感呈現的混構造設計

M Building為日本第一棟5層樓的木質混構造建築（hybrid timber structure），使用鋼骨內藏型防火構件，由於鋼骨藏在集成材的內部，主體構造物外觀由木材展現，為木質混構造的一大特徵。建築物內部的柱、樑、壁、板等木構造構件，亦可做為最後的完成面材使用。

Design Data

用途｜學校
所在地｜日本石川縣金澤市
主體結構｜木造＋一部分RC造
竣工｜2005年
建築面積｜74.96平方公尺（約22.7坪）

小基地中的木質混構造可行性

根據日本法規中防火建築物之防火性能構件設計，柱、樑、壁、樓板、屋架、樓梯等無通過防火測試之部分，均須透過防火實驗來取得使用認定資格。M Building中使用之柱樑構件，即通過認定資格。

由於位於狹長基地中，為了確保室內的有效空間，盡可能減小樑柱斷面，於200x200mm的集成材柱中，內藏65x65mm鋼板，並於200x330mm的集成材樑中內藏了22x300mm鋼材。現在，由日本集成材工業協同所取得的木質混構造構件，為集成材中內藏H型鋼之基本型。除此之外，斜撐桿件則使用和柱同一斷面之構件，樓板及屋頂為鋼筋混凝土造，樓梯則為鋼骨造。

鋼骨內藏型防火構件,透過外部木構造提供內部鋼材在火害之下的防火行為,並由外部木構件之使用,鋼構件也可考慮僅受自重下的斷面及結構行為。

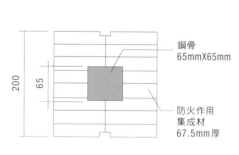

鋼骨
65mmX65mm

防火作用
集成材
67.5mm厚

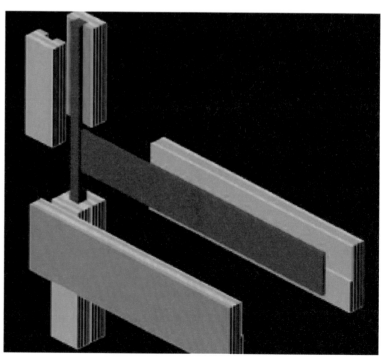

鋼骨內藏型防火集成材的柱樑模型。

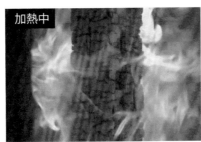

■ 防火設計

所謂的防火木造建築物，為設計階段同時考慮結構及防火設計之建築物。通常在檢討建築物之結構安全性時，會同時檢討垂直承載力（淨載重、活載重、雪載重等），以及水平承載力（地震力及風力），然而，對於防火木造建築物而言，火災發生同時抑或火災結束後之結構安全及設計檢討也同樣地重要。特別是，以木材呈現於構造體外部之木質混構造，在火災結束時會有結構斷面上的明顯減少，此時對於其性能的影響則有檢討之必要性。

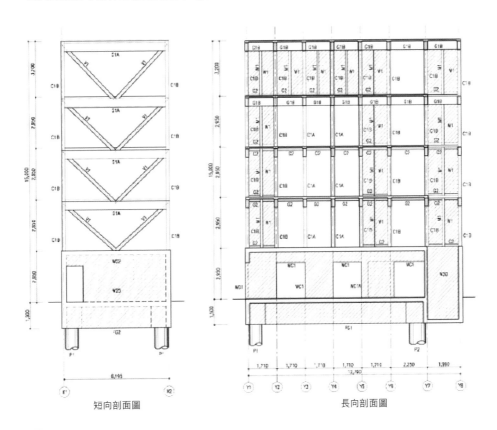

短向剖面圖　　　　　　　　　　　長向剖面圖

■ 結構設計

對於 M Building 而言，其結構設計手法則為即使外覆木造部分完全燃燒殆盡，其內藏之鋼材僅為支撐整體垂直荷載時最精簡斷面。對於外覆之集成材，則擔負著在最精簡鋼材斷面之設計下，提升其安全性並避免產生挫屈現象及減少震動產生之作用。也因此為了達到此安全性能保證，進行結構、防火等實驗，針對其基本性能進行檢證。

木斜格子做為抵抗水平力的構造，也成為建築立面的表情。

>下馬集合住宅
在市中心實現木造集合住宅

利用軸組工法建造,為日本第一棟通過1小時防火時效測試的集合住宅,同時思考在都市中心,新式「木造建築」建造的可能性。建築物中垂直載重的傳遞主要由集成材的柱及水平樓板負擔,水平載重則由建築物四周的「木斜格子」負擔,柔和包覆內部居住空間。

下馬集合住宅的最大建築特徵為,環繞著建築物四周並鑲嵌入建築物內部的共用樓梯。在共用樓梯上不但可以清楚地感受到東京都內隨著四季變化的街景,平時就算是上下樓住戶也少有交流的關係,亦期待著透過此迴旋樓梯設計而產生變化。

Design Data

用途│集合住宅+店鋪
所在地│日本東京都世田谷區
主體結構│木造+一部分RC造
設計│KUS一級建築師事務所
結構│腰原幹雄・佐藤孝浩
防火│安井昇
竣工│2013年9月
建築面積│92.83平方公尺(約28.1坪)

木造披覆型防火建築

位於準防火地域的五層樓建築,考慮到一樓部分需要達到2小時、2樓~5樓部分需要達到1小時防火時效,因此1樓的商業空間主要為RC造、2樓~5樓的住宅空間則主要採用木構造。2樓~5樓的樓板之構造形式為,厚120mm的集成材板(杉木、花旗松)兩層膠合在一起,稱為直交膠合板(Massive Board Slab)的加厚樓板。

另外,抵抗地震及風力的主要構造,則由配置於各層樓板間,位於建築物四周的「木斜格子」(60 mm x 75 mm之花旗松製品)來抵抗。配置於建築物四周的「木斜格子」僅用來抵抗水平力,就算是火災受損也不影響建築物主要承重機構,因此並無防火披覆保護,而是直接將木材露出。

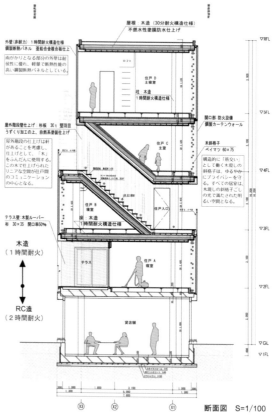

斷面図 S=1/100

■ 設計思考過程

carving design process

step 1   volume
基地範圍內最大量體空間的置入

step 2   stair
外部利用共用樓梯將量體包覆

step 3   terrace
接著以開放露臺空間植入並進行量體雕塑

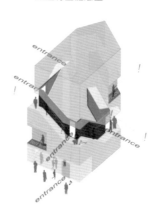

■ 防火設計

防火性能方面，透過反覆操作的防火實驗，累積木材防火性能等相關資料，進而使建築物中之主要構造單元（柱、樓板、屋頂等），均取得日本國土交通省之大臣認定的1小時防火時效建材。

■ 結構設計

建築結構性能方面，亦通過日本建築中心之木質構造評定委員會、參考日本建築基本法其他相關基準之評定認可，為一合理的結構型式。另外，本建築設計案由於考慮為一集合住宅，亦進行樓板性能之隔音、振動實驗，進行資料的整合分析。建築物外部之木斜格子桿件，針對其強度試驗以及等比例模型製作，進行建築結構・意象之深入檢討分析。本次規劃設計案中所開發的主要防火結構整理如下。

柱	150x150mm 以上 300x300mm 以下之矩形斷面柱（杉木，花旗松），以石膏板及膨發式防火材披覆。
樓板	直交膠合板 Massive Board Slab（不限定樹種，下方由石膏板，上方由自流平石膏板材作為主要防火披覆使用）。
屋頂	直交膠合板 Massive Board Slab（不限定樹種），下方由石膏板作為主要防火披覆使用，上方由屋頂專用耐燃材封面使用。

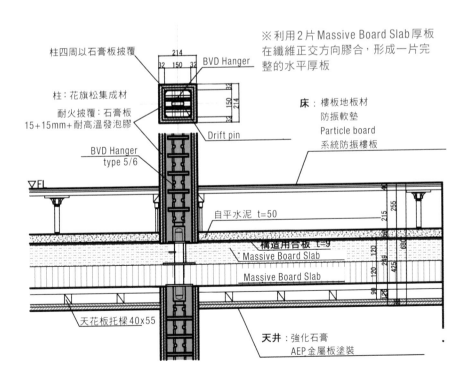

照片提供 _Satosh Asakawa

Design Data

用途｜辦公室
所在地｜日本東京都
主體結構｜1～3樓鋼骨造，4～7樓
設計｜八木敦司＋久原裕／
　　　Studio kuhara yagi+team Timberize
施工｜住友林業
竣工｜2017年7月
建築面積｜180.80平方公尺（約54.7坪）

>國分寺FLAVERLIFE本社大樓
思考都市木造普及化的操作模組

「國分寺FLAVERLIFE本社大樓」，在鄰近東京國分寺站旁設計建造，為日本國內首棟7層樓的鋼骨內藏型鋼木合成構件的木質混構造建築。考慮整體造價合理性的前提下，提出普及性高的設計規劃及施工工法，目的在成為日本都市環境中，木造建築的基本樣態，肩負著利用木材來改變都市景觀的使命。同時，在企業主　設計師　施工單位三位一體的努力下，實現了期望存在於消費能力高的都市環境中的高層建築，以及期望利用木造建築來建立自己的品牌形象的企業主的期待。

截至目前為止，都市中面對木質混構造的設計，最大的問題存在於防火性能。另外，因為木質混構造建築在施工及構件製造過程中衍伸的高成本，使得較難普及和應用在高層建築。本設計中，利用防火實驗檢證了鋼骨內藏型鋼木合成構件的防火性能，並以鋼骨內藏型鋼木合成構件及鋼骨一般防火披覆型構件，做為實現本棟木質混構造的設計。鋼骨內藏型構件由於用鋼構進行接合，減少因為木構件接合部的預製加工所衍伸的成本，集成材工廠在製作及搬運過程效率更高，進而降低成本。

本建築並非挑戰新的設計型態，而是透過探討如何規格化，利用既有材料的重新活用，創造出更有效率的木質混構造。改良既有的鋼骨內藏型鋼木合成構件，優化及規格化構造細部及施工工法，提出大家都可以輕易設計及施工的設計方法，為本案最重要的里程碑。

■ 結構設計

Laminated wood
+
Steel H
joint detail

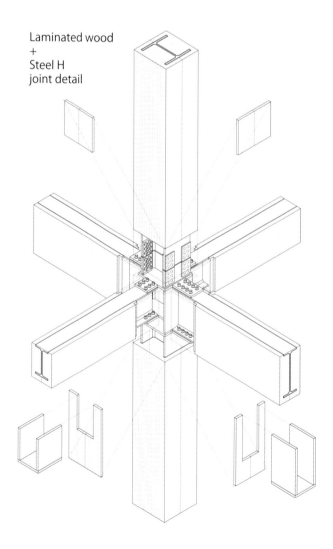

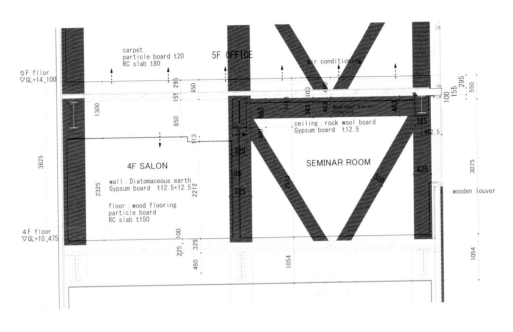

Section detail

■ 平面配置設計

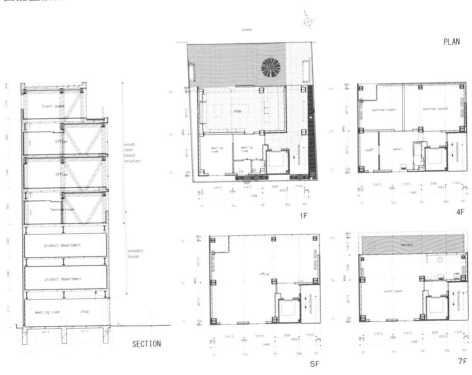

圖片提供_Will Pryc

Design Data ▬

用途｜公共住宅
所在地｜英國倫敦
設計｜Andrew Waugh
主體結構｜CLT
竣工｜2009年

>Stadthaus
降低成本並減碳的雙贏公共住宅

在2009年於英國倫敦完工的Stadthaus的基礎與地面層是由鋼筋混凝土所建成，混凝土樓層支撐著上面的八層樓的木構造。木構造部分由CLT所建成，是世界上第一個採用CLT的高層樓木構造，也成為了高層木構造的里程碑。

Stadthaus 的業主是倫敦的 Hackney 區政府與私人開發商，完工後用來作為公共住宅。區政府在公布設計要求的時候，設定了這棟建築物的碳足跡必須要比同樣的規模的建築物的碳足跡還要減少 10 %，那時候整個營建業界對於碳足跡的生命週期分析方式並沒有一個共識，建築師便與區政府討論，是否能把利用木構造來建造這棟建築物時，把所儲存在木材裡面的碳當成是需要減少的那 10 %，這樣便足以滿足區政府的需求。

在獲得區政府的支持後，建築師便開始與開發商討論，但是剛開始的時候被建商一口回絕了。為了說服開發商，後來建築師做了兩個方案，一個完全用鋼筋混凝土，另一個則是使用 CLT，並針對兩個方案做比較。最後得到的結論是，使用 CLT 來建造這樣的建築物，整個重量大概只有鋼筋混凝土方案的五分之一，工期大概也縮短一半，因為基礎工程費用降低，整個工程費用也會降低，僅需要小型的起重機而不需要大型的塔式起重機。這其中，工期的大量降低以及不使用大型的塔式起重機等因素對於開發商尤其重要，因為這樣不僅大量的降低成本以外，還可以大量的降低開發商現金周轉的壓力，也因此最後開發商同意了使用 CLT 來興建這個集合住宅。

單層平面配置圖

這幢九層樓的建築物高度約28公尺，共有29個公寓單元。整棟建築物的CLT由奧地利（Austria）進口，在上部八層樓CLT建造的過程中，每個禮拜一有四個工人將所需要的CLT板裝載在大型的拖板車上並運至倫敦。接著這四個工人則利用禮拜二、三與四將一層樓安裝完成，禮拜五則將聯結車開回奧地利並度過周末，一直到下個禮拜再重新做一樣的事情。因此在施工的過程中，僅由四個工人，一週施工三天便完成一層樓。整個CLT的結構就像一個蜂巢結構，包括電梯間，全部都由CLT板組成，而整個建築因為使用了木構造而縮減了23個禮拜的工時。

經過分析後，若當初選擇利用鋼筋混凝土建造整個集合住宅，則整個案子會使用約950立方米的混凝土，這樣大概需要285公噸的水泥，會釋放出67.5公噸的碳。然而這一棟建築物共用了901立方米的木材，因此整個建築物儲存了186公頓的碳 這樣的決策下，一來一回所減少的碳排放，相當於該棟建築物使用21年左右的能源。

Stadthaus在2009年完工的時候引起了國際的注意，當時是世界上最高的現代木構造，同時也向全世界證明了使用木構造在中高層建築上的可能性。這個世界上最高的木構造一直到2012年在澳洲的墨爾本（Melbourne）的Forté Building完工了才被超越。

使用混凝土建造：　　　

950立方米的混凝土　　需要285公噸的水泥　　釋放67.5公噸的碳

使用木構建造：　　

901立方米的木材　　儲存了186公噸的碳

未釋放67.5公噸的碳　＋　儲存了186公噸的碳　＝　該棟建築物使用21年的能源

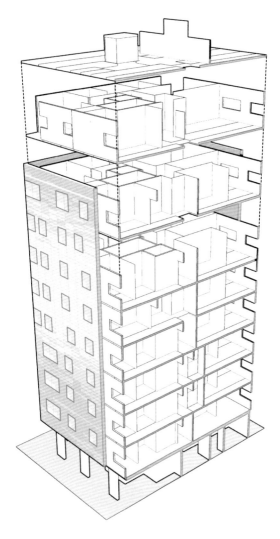

採用CLT結構的部位。

東西南北四個立面的樣貌。

WHITMORE ROAD完工後沿著運河的立面。

Design Data

用途｜住宅與辦公室
所在地｜英國倫敦
設計｜Andrew Waugh
主體結構｜CLT
竣工｜2012 年

>WHITMORE ROAD
住辦混合使用的 CLT 住宅

在倫敦的 Hackney 行政區中，建築師 Andrew Waugh 在
2012 年與另外兩位朋友決定共同買一塊地，並且自己設計以
及建造屬於自己的房子。這是一棟七層樓高的 CLT 住宅，其中
包含了空中花園、三戶兩層樓高的公寓以及一個攝影工作室，
地面一二樓則是可以面對運河的辦公室。這個設計的挑戰在於
攝影工作室位於三、四樓高度的攝影工作室必須要有 9 x 23 米
沒有柱子的空間，而上面則需要支撐三個家庭的公寓。

除了上述使用機能上的條件之外，基地的限制也很大。由於該建築物所在的位置兩側有鄰房，而另一邊則是運河，因此施工空間受到相當大的限制。在這個限制下，木構造的優勢再度被顯示出來，木構造的施工可以避免大型的塔式起重機，而僅需要使用輕型的起重機，而且這樣的建築物僅由四個人的團隊使用五週時間便完成。

在建築師與其友人住進一段時間以後，建築師Andrew打電話給本書作者，因為他擔心本建築物可能會有過量的振動。這樣的問題如果發生在一般的民宅則會有相當嚴重的後果，因此邀請了我們去他家坐坐，並且順便量測一下該建築物的振動問題。在經過了一個月長時間量測以後發現，CLT的住宅的振動問題並不比一般的鋼筋混凝土還要嚴重，這期間倫敦還經歷了一次的暴風。至此之後，本案的建築師便對於CLT這樣的材料深具信心。

建築師自宅施工期間，可以看出僅使用輕型的吊車施工。

無柱空間施工時與完成後的對照。

■ 結構說明

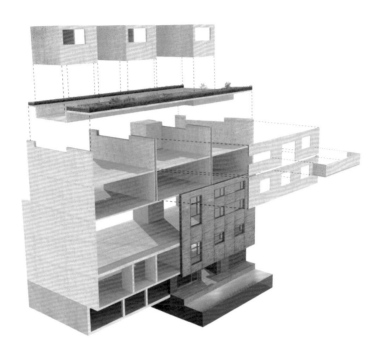

完工後內裝的呈現。

WHITMORE ROAD 完工後沿著運河的立面。圖片提供 _Daniel Shearing

Design Data

用途 | 公共住宅
所在地 | 英國倫敦
設計 | Andrew Waugh
主體結構 | CLT
竣工 | 2009年

>Dalston Lane
CLT有效降低載重成共構宅可能形式

在英國倫敦 Dalston Lane 的集合住宅位於倫敦市的 Hackney 這個區
（London borough of Hackney），這個區的政府在2012年以後便訂立了
木材優先（Timber First Policy）的原則。

這個計畫總共使用了超過3500立方公尺的CLT，是現在（2018年）世界上
規模最大的CLT建築。這棟建築物由不同高度的量體（5層到10層樓高）所
組成，建築物配置的目標在於使的所有的單元都有最好的自然光，穿插了陽
台與公共空間使得在所有人入住以後都相當滿意。

在設計階段開發商曾經針對鋼筋混凝土造結構物進行評估，但是評估結果發現如果整個開發案利用鋼筋混凝土構造，由於建築物重量限制，僅能建造約105個居住單元。在這裡建築師很聰明的建議整個建築案利用木構造，這樣可以使得建築物的基礎可以承受額外的35個居住單元。這樣經濟效益的差異在倫敦是很顯著的，對於開發商來說，可以多增加一些單元就可以增加一些收入，因此最後這個方案採用了木構造，而整個集合住宅總共設計了121個單元。這個計畫的設計建築師為 Andrew Waugh，他實踐了建築師對於在高密度都市中使用木構造的夢想，這個計畫透過木材來達成較大的居住單元以外，與混凝土比較大約可以減少2400公噸的二氧化碳排放。

因為建築物所在地周圍有大量的維多利亞式（Victorian）與愛德華式（Edwardian）的住宅，因此建築師在外牆採用部分面磚使得可以與當地的周遭融為一體。

這個案子中採用預鑄工法，所有的CLT都是先在工廠預先切削、挖洞、再運送到工地現場來組裝，並透過BIM來整合不同的工程介面。由於木材重量輕的優勢，使的整個案子的運輸量大大的降低了80％，這對於降低對於環境的衝擊有相當大的幫助。這個案子在設計到施工的過程中遇到不少工程上的挑戰，在設計方面，由於建築物量體相當大，因此建築師與工程師合作，開發出新的接頭形式。

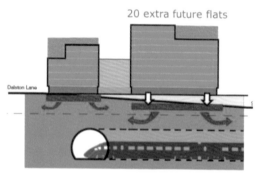
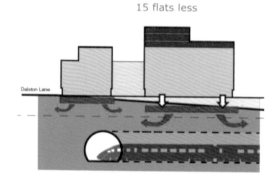

在這個計畫還在發展階段的時候所遇到的挑戰之一在於基地底下現有鐵路以及未來高鐵的隧道通過。因為這樣的限制，讓基地的乘載重量成了主要的限制。

施工過程的記錄。

■ 結構設計

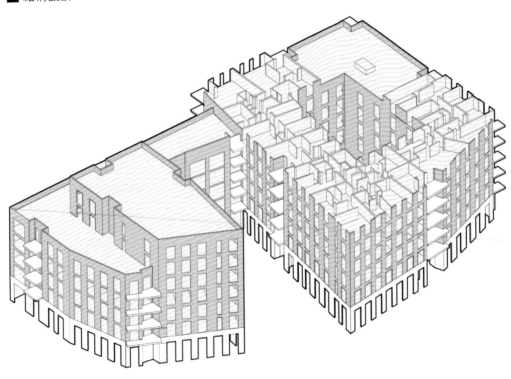

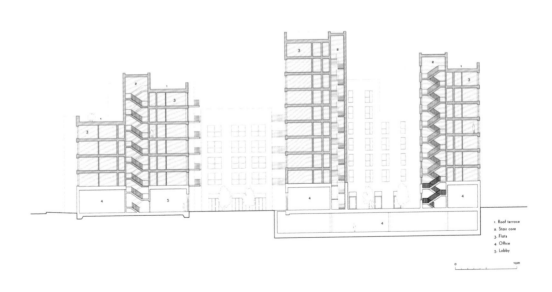

1. Roof terrace
2. Stair core
3. Flats
4. Office
5. Lobby

0   10m

Design Data

用途│風力發電機
所在地│德國漢諾威
主體結構│CLT

做為發電機組結構的CLT。

>CLT風力發電機
應用CLT輕量化工業建物結構

看過荷蘭的風車，應對於風車利用木材建造大概不會有太大的驚訝。但是有沒有想過100公尺高的風力發電機可以使用木構造？在德國的漢諾威（Hanover）附近就有這樣的風力發電機，該風力發電機塔本體高度為100公尺，容量為1.5百萬瓦，主要結構則是利用CLT所組成。

由於風力發電機的高度越高，其發電的效率越好，但是高度越高的同時也表示發電機的塔的直徑必須要越大。一般來說風力發電機如果高度是100左右，則該發電機的塔需要有4.2公尺的直徑。由於該風力發電機所在的位置在運輸時所經過的橋樑高度都不足以讓4.2公尺直徑的通過，如果要受限於公路橋樑的高度，則必須要將發電機的高度下降，進而減少發電量。在這個限制下，木材也成為了一個可能的選項了。

在該風力發電塔施工的時候，所有的CLT板都被運送到現場，並且一片一片的組裝起來。透過這樣的創意，工程師們成功地解決了公路高度的限制，並且也開啟了未來使用木材來建造風力發電機的可能性。

發電機柱狀結構內部。

Chapter 4 | 臺灣都市木造的未來

臺灣早期因氣候地理條件，過往林業曾盛極一時，但後因種種原因而停止發展林業，自林業延伸的木業也隨之沒落，本書爬梳臺灣木構造建築沿革的啟、承、轉，面對環境氣候的挑戰，如蟲害、潮濕，解析木材來源及結構性能研究，找到實務面的solution，並做到耐震、抗風、防火，而能達到低碳、永續，借鑑國際木構造先進國經驗，探尋臺灣都市木造的可能型態。

- 臺灣邁向都市木造面臨的問題與挑戰
- 臺灣林業發展
- 臺灣都市木造案例

  WoodTek 森科｜臺中
  南港車站競圖｜臺北
  忠孝路教會｜臺中
  池上車站｜台東
  多孔隙之家｜宜蘭
  東勢林業文化園區｜臺中
  簡舍｜桃園
  新社半半齋｜臺中
  石岡 OnOnNature｜臺中
  華德福學校｜新竹
  竹之隧道｜移動建築
  東海建築木構空橋｜臺中
  嘉義美術館｜嘉義
  萬蕙昇林口木構造住宅｜新北
  Sherpa 接合鐵件｜交泰興
  Rothoblaas X-rad 接合鐵件｜WoodTek 森科
  雲浴｜蛋牌

臺灣邁向都市木造面臨的問題與挑戰

現代化都市的發展，由於工業化、規格化以及大量生產的需求下，建築材料的性能決定了都市風貌的發展。鋼筋混凝土由於在工業化及規格化過程中取得大量的優勢，進而取代了大多數的建築材料；在都市化的過程中，木材由於不耐火、耐久性不佳等既定印象之影響，木造建築自然而然地被排除在現代化都市環境的發展過程外。

都市中的木造建築

在擁有悠久木造文化的日本，也因為在二次世界大戰中，木造建築受到空襲而衍伸的火災等消防問題影響，在 1950 年代制定建築基準法時，將木造建築的建設大幅限制並排除在都市環境外，僅能在特定區域中興建小規模及低層的木造建築。事實上，有別於現代都市中高樓大廈的既定印象，都市中的木造建築已經在數百年前就曾經存在，例如日本的過往都市環境中，町屋其實就是存在於當時都市中的木造建築。過去的都市型態與現代化都市最大的不同，在於建築物的規模以及建築機能的複雜化。以日本過去的木造建築為例，町屋相較於農家主要為多層建築與單層建築、乃至於內部空間機能的差異性；而現代化都市相較於過去都市的建築型態，除了中高層及空間機能的複雜程度有所不同外，建築的物理性能如耐震、防火、防風，乃至於隔音等，都是現代化建築存在於都市當中所必須考量的因素。

木構造技術及工法的革新

近年來，集成材、LVL（Laminated Veneer Lumber）、CLT（Cross Laminated Timber）等工程木材在材料、接合部技術及工法上的革新，開始帶領著木造建築在現代化都市中找到一席之地。過去，由於木材生長程度不一導致材料性質分布不均，僅能以經驗作為判斷基礎的木構造，由於工程木材的進步，也開始可以透過抗彎、抗壓等試驗，建立起規格化的結構構件及產品。對於較為複雜的木構造設計，也因為木材規格化的建立，同樣地也能透過數值模擬來進行基本的性能檢證及確認。另外，若從耐震、防火、防風等觀點檢視現代木構造技術的發展亦可發現，在耐震防風上，使用規格品使得整體結構性能更容易和鋼筋混凝土結構或鋼構造般，利用數值理論的方式分析；防火上，由於現代消防學的導入，利用木材本身燃燒時所產生的炭化層來進行防火，其防火時效亦可保有彈性。現代化都市環境中，木造建築也就成為可能的選項。

2009 年初完工，位於倫敦的 9 層樓木造集合住宅 Stadthaus，正式宣告木造建築重回都市環境中，其中結構體僅花了 9 個禮拜不到的工期。不到 10 年後的 2017 年，目前世界最高的 18 層樓木造建築—不列顛哥倫比亞大學的學生公寓（University of British Columbia Brock Commons）正式完工啟用，僅有 1 樓及電梯井和樓梯間是鋼筋混凝土結構，室內空間以及樑柱樓板等結構均以木構造完成。亞洲的日本亦在 18 年前的西元 2000 年，大幅度地修正了建築法規，取消了都市中木造建築的諸多限制。

臺灣的木構造發展

戰後直至今日，由於木造建築文化的式微，原本存在於日治時期的林業、木業乃至木工職人的培養均出現斷層。若從現在建築技術規則的觀點切入，現行臺灣建築技術規則建築構造編第 171-1 條中規定，木構造建築物之簷高不得超過十四公尺，並不得超過四層樓。此一規定事實上並不完全限制木造建築的發展，至少在鄉間或是郊區，施作如日式軸組工法、或是北美 2×4 工法上並無太多困難之處。然而，實際執行上所面臨的問題在於，結構及防火等標準施工工法的不足。舉例而言，在建築技術規則建築設計施工編第 70 條規定，建築物依樓層高不同，樓板需要有 1 小時防火時效。然而，實際上目前臺灣的木造建築樓板工法中，並無 1 小時防火時效的樓板工法，造成實際要蓋到 4 層樓，還需透過樓板火害試驗，並申請新材料新工法的方式來完成。

在永續建築及循環經濟的倡議下，木造建築漸漸成為世界的趨勢。屬於過去都市環境中的木構造軸組工法、或是 2×4 工法，是否適合現代都市環境？集成材或是 CLT 等現代工法該如何應用於臺灣都市環境中，仍然需要更多案例的實踐與探索。幸運的是，在幾乎沒有木造文化包袱的臺灣，木造建築的實踐或許更能跳脫如日本傳統工法或文化的束縛，站在和世界發展都市木造同一個起跑點上，實現都市木造建築的可能性。

都市中的木造建築，對臺灣都市環境能有多少的影響，又能創造出何種與以往不同的風景？需要民眾與從業者更多元的想像。

臺灣林業發展

孟子曰：「斧斤以時入林，林木不可勝用也。」其涵意是要人不過度伐木，如此便保存了將來尚須生長的許多樹木，確保子孫們有源源不絕的木材可以使用，孟子思想輔合當今永續經營的理念。全球溫室效應的氣候變遷，面對自然生態的破壞及環境污染的議題，進入 21 世紀後似乎眾人慢慢意識與覺醒，地球是大家共同擁有的存在。保護自然及禁止伐木的團體也漸漸發聲與行動，而我們面對自然森林的想像，採保留在一個不砍樹就是保護自然及友善環境的認知。如何從里山的概念開始著手與抽絲剝繭的敘述一個更大的畫面呢？在此想傳遞一個又新又舊的觀點，在人、建築、森林之間的新可能性。在新的未來所可能創造的新契機與新環境，一起思考臺灣如何透過能創造用永續生態的木建築，重建新的人工林業與能呼吸的生活型態。

從日據時代至國民政府來台的一百年之間，共砍伐 55 公頃的原始森林，也是約佔臺灣總土地面積的 15% 之多，在 1991 年由政府公佈全面禁止砍伐天然森林，才阻止了森林被砍伐殆盡的命運。但臺灣木頭的使用量持續每年 600 萬立方公尺。原始森林的管理制度下，保護森林與懲處山老鼠的偷砍偷渡的行為。而偷伐木的行為無法杜絕，因此可看見臺灣自身有木頭使用的需求，單純禁止的懲處還是防不勝防的真實狀態。積極轉至另一個觀察點，放任原始森林生長及禁止砍伐的保護措施之外，人工森林的培育與我們的生活是否可以有更多互動及連結呢？透過木建築，我們如何了解上一代播種，下一代收割？

臺灣面臨的新挑戰
保護原始森林與創造人工森林的新機制

臺灣整體大環境在永續林業教育觀念不足下，目前僅幾間家私人單位，願意經營人工森林，而每一年隸屬林務局的臺大實驗林是默默在臺灣深山上進行植樹與疏伐之工作。在公營單位的投入之外，需要更多民間的力量一起投入與合作。其中一間，四十多年合法與政府林務局租借林地的「永泰林業生產合作社」，同時取得臺灣地區第一張國際 FSC TM 森林管理驗證系統合格證書。在這塊土地上世代相傳用心經營著人工森林，先前上新竹五峰鄉的山頭拜訪而了解，從人工森林、木頭處理廠，木材原料裁切工廠、木建材的販售業務等，正昌製材有限公司／永泰林業自行默默的在臺灣耕耘與深耕在新竹竹北一帶，世代相傳的事業，梁先生動人說著：「我現在採集的木頭們，是我爸爸梁兆清年輕時種植的，我現在種下去的，可以留給我兒子他們採伐。」

四五十年為一個單位的產業，目前面臨沒有年輕人願意深入山中一起做伐木的工作，僅留下幾位較年長有經驗的許宏志原住民夥伴。伐木的技術與經驗需要相傳之外，另外一個更需要傳遞的是精神，如何身為一個伐木者對大自然的尊重與珍惜的心，取僅需要的木材量。追隨孟子的理念下，在伐木與環境保育之間找出一個平衡，這樣的經營方式深深體驗到一個有生命的建材，它的存在方式與價值的神聖性，它並非是一個遙不可及的電影故事，臺灣的木材自給率不到百分之一的同時，它是一個活生生正在臺灣這塊土地上逐漸走向終點的臺灣人工森林產業，我們不能僅是袖手旁觀的對待，如同我們面對已老死的樹林也不能棄而不顧，我們的森林需要我們有意識的管理與栽培，不論是原始森林或人工培育森林。

木頭處理廠

木建材標準規範制度化

日前臺灣使用木材的數量超過九成來至於海外的進口材,海外他國的人工森林產業的發達,政府與民間擁有共同擬定一個輔合自身國家的氣候及地理條件的木建材品質的規範與標準。促進消費者與建築師們安心選擇使用的木建材於木建築,同時有助推廣木建築居住生活可行性。日前林務局從 2017 年起陸續開始進行規範及標準的制訂與實驗,此擬訂標準制度是勢在必行,避免持續有私自不當採伐及不當的乾燥及製材處理,引發臺灣消費者排斥國產木建材,寧可選用進口木建材的市場現實狀態。面對日漸萎縮的臺灣林業,木建材的處理標準與規範需要一個完整的制度化來挽回林業自身產業和原始森林的管理機制,進而活化臺灣森林環境可吸收二氧化碳代謝率的提高,改善日漸空氣汙染嚴重的生活環境及為地球紓緩一點全球暖化的現象。

展望臺灣林業到木建築
在地化森林經濟產業

普及全臺灣人工森林數量,制定輔合臺灣氣候條件之木材規範與標準,進而帶動在地化森林經濟產業發展之時,增加在地經濟成長而創造更多的工作機會。在地建材在地取材的概念,輔合永續經濟的環保新觀念,降低高成本的運輸與燃料損耗的機制。

在地林業技術發展

面對差異性區域衍生出不同條件的研究,依照各適合當地土質與氣候的樹種的栽培後,研究與開發屬於該樹種特質的製造與處理技術,並更進一步可以結合建築師的設計巧思一同開發新型態的構造系統,展現每一個地區的在地特色及當地木建築的風景與風情。

推廣在地木建築發展

由各縣政府著手輔導與鼓勵採用木建築方案，公共建築的實例，促進大眾對臺灣林業與木建築的信心。各縣市設置林業技術中心，輔助林業技術發展及教育大眾的展示平台。帶動在地木建築興建，連帶增加人工森林有效的管理與二氧化碳的循環機制，因此提高各縣市在地的生活品質，在少子化後嚴重都市與地方人口的差異，於是提高地方的生活品質後，帶動回鄉服務機率上升，城鄉人口與年齡更均值中低密度的發展與降低對環境的破壞。

法規與防災的制定

成立臺灣木建築技術與文化研究實驗單位，參考歐美日的法規標準。佐證日本執行的實驗結果，耐震係數與耐風壓的實驗，以相似地形與氣候的環境條件下，創立實驗資源共享平台機制。

在推動友善環境的木建築時，生態需要尋找出一個平衡的機制，承襲孟子思想的永續林業經營的理念，並在伐木之前感恩大地給予豐富資源，在尊重這塊土地，也懂得回饋於這塊土地。2015 年左右起臺灣人工森林林業到木建築實踐之道路，至今由林務局、臺大實驗林等政府機構也開始加入推廣與研究的角色，不論參與的單位多寡，從有效的人工森林培育開始，都還有很長一段路要走，而由我們這世代開始建構起（人、建築、自然）彼此平衡且友善的橋樑後，我們後代子孫會深刻體會上一代播，下一代收割的恩惠。創造一個平衡健全有創意的產業，大地也會回饋給我們一個良好的居住環境。臺灣才要剛開始啟程，一起加入搭建彼此共生共存友善橋樑的夥伴吧！

木材加工廠

訪談
推動國產材永續經營及利用

圖片提供 _ 行政院農業委員會林務局

受訪者簡介

■ 林華慶
行政院農業委員會林務局局長

2018 年 4 月在臺北舉行的文博會，現場有許多年輕木創工作者參與，林務局局長林慶華也到場參觀，看見這些充滿創意的文創小物，他向創作者詢問：「這些作品是用臺灣的木材創作的嗎？」創作者回應：「臺灣已經禁伐沒有產木材了，有也是盜伐違法的。」林務局甫於 2017 年宣布該年為國產材元年，身為臺灣林業主管機關的首長，林慶華深感這條推動國產材永續經營及利用的路，真正是千里之行始於足下。

1991 年以前，過度開發下山林失色

臺灣山林開發記載始於清治時期的伐樟煉腦，日治時期則是大規模砍伐檜木林，至國民政府來臺後以農林培植工商，持續大量砍伐原始森林，除延續日本人遺留林場之作業外，也開闢多條高山林道，進行新林場皆伐的作業，主要砍伐的為珍稀針葉樹如紅檜、扁柏等。1965 年開始進行「林相變更、林相改良」，當時觀念認為天然闊葉林是「雜木林」、「劣勢林」，要改造為人工林才具經濟效益，1968 年配合政策全面砍伐原始闊葉林，改植單一樹種人工林的「林相變更」作業，同時間中華紙漿公司在花蓮吉安設立，以臺灣的原始闊葉林木材做為紙漿原料，在此之前，臺灣早期的紙漿原料主要為甘蔗渣。

1975 年，幾大林場的檜木林已無經濟伐採價值，生態環境也遭受嚴重威脅，政府終於注意到森林對維護國土保安及自然資源的重要，伐木量逐漸降低。直到 1991 年，政府以行政命令宣布禁伐天然林，大規模的伐木時期才正式劃下句點。

1991 ～ 2016 年，林業發展盤整期

由於之前大規模伐木導致種種國土問題，這段期間臺灣林業政策思維漸由盤整轉為明朗，雖然推動全民造林、平地造林計畫鼓勵植樹造林，然而大量造林後，不僅投入造林補貼鉅資，也未能創造出相對應的經濟價值，衍生不少產銷問題，時至今日，國內木材自給率不到 1%，臺灣所需木材仍大量仰賴進口。

1972 年的斯德哥爾摩會議，聯合國首度召開有關環境議題的會議；而 1992 年里約會議的地球高峰會，亦討論全球環境與發展問題，與會國家簽署《聯合國氣候變遷綱要公約》，透過里約宣言、Agenda 21（21 世紀議程），提及推動永續發展，即經濟發展與環境保護之間的平衡，其中森林流失、永續都市發展，都是其中的議題。1997 年的京都協議書，乃至 2015 年的巴黎會議，碳排、溫室氣體成為國際間關注的環境議題，加強人工林經營與防止天然林退化的營林新觀念，發展出 REDD+ 概念，以及碳匯、碳足跡、碳交易等計算碳排的模式。這些國際上觀念及發展方針的轉向，臺灣也不落於外，在實務面的推動，應該怎麼做呢？

圖例
縣市行政區界
國有林事業區界
森林經營使用類別
原生林
經改造天然林
半天然林
保護性人工林
生產性人工林

臺灣森林資源現況

類別	面積（萬公頃）	比例
原生林	109.2	50.4%
經改造天然林	59.5	27.5%
半天然林	2.1	1.0%
生產性人工林	29.1	13.4%
保護性人工林	16.9	7.8%

林地與所有權分布面積

所有權屬	管理機關	林地面積（萬公頃）	比例
國有林	林務局國有林事業區	153.4	76.97%
	林務局事業區外林地	5.3	4.17%
	國有財產署	6.5	3.26%
	原住民委員會	11.1	5.57%
	林業試驗所	1.1	0.55%
	大專院校實驗林地	3.6	1.81%
	其他	0.9	0.45%
	小計	184.9	92.78%
公有林	縣市政府	0.7	0.35%
私有林		13.7	6.87%
總計		199.3	100%

柳杉是目前疏伐林木的主要樹種，可做生活物件及建築材料。

國有林事業區分級分區標準

分區名稱	分區標準	面積（萬公頃）	比例	人工林面積（萬公頃）	人工林佔比
自然保護區	1 天然原生林分布區。	65.9	44%	5.5	8.3%
	2 文化資產保存法劃設之自然保留區。				
	3 森林法劃設之自然保護區。				
	4 國家公園法劃設之國家公園。				
	5 野生動物保育法劃設之野生動物保護區、野生動物重要棲息環境。				
國土保安區	1 森林法劃設之保安林。	56.9	35%	13.5	23.8%
	2 海拔高於 1,500 公尺之「高海拔山區」或坡度大於 35 度之區域。				
	3 林地分級為 IV、V 級之地區。				
	4 飲用水管理條例劃設之水源水質保護區。				
森林育樂區	1 森林法劃設之國家森林遊樂區。	4.2	3%	1.7	41.7%
	2 國家風景特定區。				
林木經營區	1 海拔低於 1500 公尺、坡度小於 35 度之地區。	27.1	18%	11.9	43.8%
	2 再依坡度級（依傾斜程度分 6 級）、土壤級（依土壤生成因子級水分因子分為 5 級），經上述條件綜合判斷後，將林地分級為 I、II、III 級者，納入林木經營區。				
合計		154.1	100%	32.6	21.2%

2018 年 5 月於華山文創園區舉辦森林市集，邀請國內 95 家廠商計 136 個攤位到場，展出國產竹木材產品並推廣綠保標章友善產品等。

盤點問題逐步解套，2017 年國產材元年

臺灣森林覆蓋率達 60.7%，木材的自給率卻不到 1%，大量仰賴進口而未振興本地林業，產業衰微更將導致提振疲乏的惡性循環，更凸顯私有林及人工林的管理與生產輔導的重要性；而 2010 年「里山倡議」的提出，為實現社會與自然和諧共生的理想，以永續利用的方式來管理土地和自然資源，達到兼顧生物多樣性維護與資源永續利用的願景。因此林務局自 2016 年起開始積極盤點目前的林業現況，逐步調整如下：

第一步，先了解業者面對的問題，同時盤點法規。之前的法規仍停留在過去伐採天然林珍貴樹種的時代背景，透過讓法規修訂，與時俱進改以人工林為管理標的；並發展友善環境的作業技術體系，進行人才培訓等各項積極配套措施。

第二步，振興人工林產業，以「里山精神」為學習對象，加入水土保持、棲地保育、永續林業的觀念。臺灣有 13.7 萬公頃的私有林，過去林農、林業者慘澹經營，製材多半用來修繕古蹟甚至製造板模，但仍有林農在政府輔導下組成產銷集團，如永泰林業合作社、永在林業合作社等，林務局透過積極扶持、提供設備及訓練補助，並補助業者申請 FSC 國際森林驗證的費用，增加產品的可信賴度與競爭力。

公共工程委員會已將「國產之木竹材」增列為公共工程建材之招標採購條件，經濟部工業局 MIT 標章與營建署綠建材標章，也將國產林木材列為驗證條件。

建立國產材的品牌與形象

第三步，國產材的價格，難以和東南亞的天然林木材與北美、北歐等發展成熟的林業大國競爭，找出國產材的特色及建立形象，是建立品牌的首要條件，合法性則是取信於消費者的關鍵。因此，林務局正建立生產履歷制度，並透過導入 CAS 認證、制定國產木竹材識別標章，型塑國產材友善生產環境、回歸林地林用、促進山村經濟等具體作法，希望在未來三年建立森林永續經營國家標準。同時也持續與環保團體對話，透過意見交流與實地參訪，增進彼此的了解，讓人工林產業振興的推動廣納各界的意見。

國產木竹材識別標章。

由於目前私有林的產能低且不穩定，導致市場供貨量不穩，因此國有林疏伐木可扮演維持穩定產能的角色。要維持健康的人造林地，需要定期撫育及疏伐，林務局於 2016 年起開始計畫性推動國有人工林疏伐，期盼建構健康生態且能生產優質木材的森林。然而，進一步盤點後發現各林區缺乏橫向連繫，導致疏伐材供應期程步調不一，往往造成同時間產量過多，或是料源中斷等市場供需問題，讓木材加工業者無法有效運用及規劃產能。對此，林務局已進行檢討與內部調整，整合各林管處並配合私有林的生產期程，先預估 2017 ～ 2020 年國有人工林的疏伐量，再根據預估的市場需求，規劃生產期程，以穩定市場供應量。

由於臺灣林產業已沉寂多時，短時間內無法一蹴可及，林務局盼從教育連結和社會溝通著手，向民眾傳達國產材的永續經營及利用理念，同時強化國產木竹材的產銷供應鏈，讓文創工作者、家具與建材商、室內設計師、建築師能夠了解國產材產業發展願景甚至嘗試運用。現階段國產人工林產業以私有林為主，國有林為輔。私有林，是以關照依賴森林生活者的生計，振興山村經濟為核心；國有林則是以營造健康的森林，強化森林防災與碳吸存功能為努力目標，未來期望藉由提振市場需求，帶動國產木竹材產業的活路。

國有林生產經營管理課題與對策

	課題	對策
資源	人工林資訊的掌握，是推動合理化經營的關鍵。	盤點林產資源，規劃合理穩定的國產材生產期程與供應策略。
技術	尋求環境保護、社會公平與經濟可行的永續經營。	推動人工林經營符合 FSC 準則，建構永續林業生產技術。
法規	促進合法林產品貿易。	建立國產材合法來源可追溯體系。
市場	生產成本較高，產品形象模糊，未能與進口木材區隔。	翻新市場定位與產品包裝，引導市場需求。

2017 年 12 月首次以國家館名義參加南港世貿第 29 屆國際建築材料暨產品展—國產材臺灣館，集結 8 家林產業者，向建築業界介紹臺灣國產材產品。

訪談
透過可永續的系統，修復人與環境的關係

圖片提供 _ 中冶環境造形顧問有限公司

■ 郭中端
中冶環境造形顧問有限公司共同創辦人

談到「永續」（Sustainable），從它的英文字根 able 理解這個字的意思，便不能忽略其中蘊含「可以」這個概念。「可以永續」相對於「一勞永逸」，是一種可儲蓄循環的能量，並非一次耗盡，透過機制的設計而能持續運作。中冶環境造形顧問有限公司創辦人郭中端老師，她所理解的永續，並不是做了之後便一勞永逸，那是不切實際的想法，而是需要持續投入、維護、關注，直到不堪使用之時，賦予它下一個階段的用途，最終能成為一個生生不息的循環，同時將這個運作模式的經驗和知識傳承下去。

郭中端曾在自己出版的書中提到：「我們其實生活在歷史之上，往後也將成為歷史。」如果沒有歷史的積累，就不可能創新未來。20 多年前，她回到臺灣成立了中冶，就是因為國立臺灣史前文化博物館卑南文化公園（1993 ～ 1999、2008 ～現在）這個案子。迄今這個案子仍在進行中，因為它是一個史前文化遺址，過程中不斷有新發現，因此大部分的時間都不是在做設計或工程，而是在探討史前人的生活場域與生活的關係，而在這樣的歷史現場，更讓她思考文化發展及傳承的脈絡：一萬年前的人類和現在的我生活有什麼差別？他們的住居形式如何影響了現在，我們該留給後人什麼樣的環境，又如何與同一時期的生物和非生物共榮共存？在全球氣候變遷的大勢之下，現代人所處的困境，可能生存在遙遠過去的祖先或生物都曾經歷過，但在工業化之後對於地球資源的消耗卻是前所未有的規模，若不能轉變思維，將難以建構出永續發展的可能性。

兒時身邊的木香記憶

從什麼時候開始，木頭漸漸離開了我們的生活？郭中端提到她的童年是在日式宿舍長大，對臺灣 50、60 年代的生活記憶，在上學的路邊就有木材行，木材行邊就有木工加工廠，木曾經與臺灣的日常生活息息相關，但在建設發展的過程中，木造建築漸漸被磚造、鋼筋混凝土取代，這與臺灣林業的經營狀態密不可分。過去臺灣對森林是消耗性的開發，過度了以後保育的呼聲自然高漲，天然森林要保育，而林業需要培育，如果用荒野與農田來比喻，無止境的將荒野開發成農田，超過了負載逾越了生態棲地的分界便是雙輸；適當的開發、使用，讓農田有產出、有休息，良田可以代代生產作物，這是「可以永續的系統」下的產生利用方式。

國立史前博物館卑南文化公園，屋頂採用集成材加鋼構。

國立史前博物館卑南文化公園入口圓弧形廣場，以集成材與鋼管組成懸樑、殼狀構造。

中都濕地生態導覽中心是園區內唯一的建築物，挑高四米的半戶外一樓作為獨木舟訓練場地，展示解說空間，辦公、機電管理等空間則放在二樓。

冬山河親水公園

（中、下圖）馬祖文化園區媽祖像基座木構

木材是唯一可以種植的建材，這項材料的成長過程還能吸收溫室氣體、固碳，如何運用現代的思維和技術再度善用這項人類熟悉且親近的材料，讓人為構築的產物成為可以永續的系統，是值得投入探討並實踐的議題。

率先將集成材應用於公共工程

1993 年開始參與卑南文化公園的案子，規劃的理念是將史前人類生活的遺址視為一個「蒼穹博物館」，為表現與遺址共存的理念，又期望發揮 20 世紀末建築科技水準，對於全區配置、建築景觀設計乃至材料的選擇無不謹慎。其中遊客服務中心則順應坡地地形設計成四階的單層建築，上覆以大跨距集成材桁架結構及鉛灰色不鏽鋼瓦。入口廣場呈圓弧形，以集成材與鋼管組成懸樑、殼狀構造，表現整體結構的穩定性。露天表演場利用自然地形設置圓弧形觀眾席，呼應周圍平緩起伏地形，試圖讓公園的人為設施，以謙和的姿態融入綠色的自然環境中。

由於當時公共工程法規的要求，主管機關對於結構使用集成材感到疑慮，前前後後做了無數的性能試驗，各項數據皆符合規定，但仍卡在對「木材」刻板印象和誤解上，花了一般公共工程三倍的時間才拿到使用執照。即便如此，中冶還是在往後案子裡，秉持不迴避困難和問題的態度，視個案的條件與需求，仍採用評估後認為適合的材料，呼應自然環境、當地產業文化，思量材料易達性與當地工程水平等等，因此在南投水里的車埕木業展示館、高雄中都濕地公園的生態導覽中心、馬祖宗教文化園區的媽祖像基座眺望平臺，需要建築物的部分，都使用到集成材做為結構。在這些公共領域裡，除了公眾性之外還各自肩負著教育和傳承的使命。公共建築的使用者是不特定的多數人，身為設計者更要慎重思考建築有形學的觀念，這些人為構築的有形實體，將影響周遭非實體的景觀環境及人們無形的感受和行為。

車埕木業博物館園區全景。

產業遺址轉型利用木構的思考

九二一震災後，災後重建刻不容緩，卻也是一個契機，大自然的警示讓人們重新思考自身與環境的關係，反省過去利用土地的觀念。車埕木業博物館園區也是在這個時間點開始的案子，原本是修復車埕火車站與日月潭畔梅庭和竹石園整建工作，往後的十幾年時間，中冶又陸續完成木業展示館重建、聚落空間整理，號誌樓、鐵道倉庫與鐵路宿舍修復，希望整合水里溪流域的內外車埕聚落，使全區形成一個生活環境博物館園區，以當地人文和自然環境帶動觀光產業，並能延續聚落的生命。

以集成材和鋼構設計的覆屋，組裝施工的現場。

車埕火車站是臺鐵集集線的終點，在日治時期是重要的木材集散地，而當地的振昌木材廠則與聚落居民的生活生計緊密結合，在 50、60 年代伐木業最盛的時期，車埕是典型的產業聚落。九二一震災後，初期雖然工廠建築物受到地震力破壞而搖搖欲墜，不過還是能窺見原本的樣貌。

至現場勘查時，發現幾乎都是用有節眼、市場上賣相不佳的三級木料做為樑柱結構材，受拉力的構件用鋼棒，只有受壓力的構件材用木材，這樣的方式節省了不少成本，有趣的是，東勢林場為政府出資，建材都是檜木；振昌木材廠是民營工廠，相對就精打細算得多，加上當年鋼筋比檜木價格便宜，因此他們使用鋼筋來取代受拉力的木構件。對於這個結構系統的組成與它形成的原因，在在反應了產業建築的特色，十分有趣。不過後來因為餘震和幾次颱風，木材廠還是垮掉了，於是改採古蹟解體修復的方式重建。

車埕木業博物館園區以永久性的覆屋，保護木材廠的原始木屋架。

通常在修古蹟的時候，會於其上蓋一個覆屋。振昌木材廠的佔地廣闊，覆屋製作費用估算下來高達七、八百萬，而且通常公共工程完成修復後，拆掉的覆屋材料只能作為廢料回收，十分可惜。因此，當時便決定作一個永久使用的覆屋，最終木業展示館的樣貌就是一個很大的現代木屋頂，覆蓋在舊有木構造斜屋頂的廠房之上。也因為有覆屋遮蓋，修復工作有了更大的彈性，能夠保留原有的木屋架，拿掉上面的瓦片減輕舊工廠建築的承重，也讓參訪的民眾清楚看到覆屋和舊廠房兩個時代不同的木構造物並存，而兩種結構原理和形式上的差異，也增加空間的趣味性。

臺灣正在經歷產業轉型後的產業遺址空間再利用課題，輕量化的木構施工過程對的環境影響也較低，是一個具有競爭力的選項，但在現行法規之下，採用木構對業主和設計方是一條難走的路。調整法規因應時代前進，世界各國都在進行，臺灣是時候對面並加快腳步了。

循環再生物盡其用的價值觀

郭中端從事景觀工作二十餘年，她笑稱通常看不出來做了些什麼，經常是最難做的。這些年做過的案子，不少是因都市過度開發、環境遭受嚴重破壞，無計可施之下不得不思考如何回歸自然，目的還是在於能將環境轉型，持續再利用。

現在各個領域都在談「永續發展」，唯有想清楚了永續並非永恆不變，試著建立「循環再生、重複利用」的價值觀，越來越多人秉持這樣的理念，付諸行動，並以感激且小心謹慎的態度物盡其用，有機會將地球末日來臨的時間往後推遲。若將木材當作一種生活夥伴，在還是樹木時它吸二氧化碳，吐出氧氣，同時涵養水源……到達一定年齡後可砍伐製成建築材料、傢具物件、生活什物，不堪使用後作為燃料產生能量，釋放保存的二氧化碳回到大氣中供成長中的樹木吸收……都市木造的未來，對郭中端來說，是一種可以永續的系統。

不過百年前，高雄沿海地區曾遍布濕地、為重要的紅樹林棲地。因城市發展將濕地填平，生態遭受破壞，甚至影響氣候。恢復濕地與生態系，是城市發展後的反省與永續思考。

訪談
新式木構作為營建減碳、
都會增建的具體行動

圖片提供 _ 陳啟仁

受訪者簡介

■ 陳啟仁
高雄大學建築學系教授，
永續居住環境科技中心主任

從高雄大學圖書資訊大樓望出去，是北高雄的中都重劃區，高雄大學建築學系教授陳啟仁回憶創校初期週邊的景觀，只有零星幾幢民宅，18 年後的現在，高樓層住宅、連排透天、四至五樓的公寓陸續填滿一塊塊街廓，清一色是 RC 構造，間或點綴一些增建的鐵皮屋，似乎再也沒有別的選項。

從事木構造研究教學已二十多年，對於臺灣木構造發展，陳啟仁無奈的表示：「在亞洲，臺灣研究新式木構造起步頗早，僅次於日本，可惜現在慢慢喪失優勢，近年亞洲各國陸續修法以鼓勵新式木構發展，也陸續在都會區實現了新式的木構建築，公共建設也多有指標性的木構造建築設計得標。先不提環境條件與臺灣相距較大的歐美，亞洲的鄰國如韓國、新加坡與菲律賓都開始運用新式木構解決問題，臺灣的學界、業界的建言，得到的卻是主管機關『國外可以的，臺灣不一定可以』的論調。節能減碳是普世價值，也是全的球議題，而佔臺灣四分之一碳排的營建部門，具體減碳策略是什麼？使用高耗能、高傳導係數的材料營造房屋，再研究許多降溫與節能的綠建築技術，不但增加營建成本，也額外創造能耗與碳排，是不是還有別的可能性與做法。」

始於 921 的推動木構契機

從京都議定書到巴黎峰會，歐美國家以永續林產搭配低碳生態木構造產業，作為住宅部門減碳的具體政策與行動。20 年來國際間工程木材的應用，已克服對現代木構造建築疑慮，如防火設計與耐震、抗風設計。國際間的綠建築及生態社區（城市）示範案例或先導案例，木構造是必然選項，幾乎已經不會被特別強調，本書也介紹了當今世界新式木構的發展概況，超過 20 層的高層木構不久的將來即將實現。這是實踐永續的資源循環，國際共識的具體做法。

1999 年 9 月 21 日，強震改變了中臺灣的地貌，不僅人員傷亡慘重，也震毀交通設施、水利設施及電力設備、維生管線、工業設施、醫院設施、學校等公共設施，更引發大規模山崩與土壤液化災害，災後重建工作是臺灣推動木構造的契機，那段期間臺灣是除了日本之外，亞洲發展木構造的先驅。

20 年過去，臺灣推動木構造的業界與學界雖然前仆後繼，近年也擁有亞洲第一棟 CLT 建築（WoodTek 臺灣森科總部），但木構造相關建築法規及產業政策還是不夠積極，甚至停滯不前。而放眼鄰國，幾乎是政府領頭鼓勵，如：新加坡建設部門已開始投入 CLT 木構造研究，推動為主要建築形式，且星國政府採取直接補貼方式作為政策誘因。中國大陸住房城鄉建設部也在近年推動了《多高層木結構建築技術標準》的編制工作，2016 年年底編制完成並通過專家審查，2017 年2 月由住房城鄉建設部發佈第 1483 號公告，批准為國家標準，其中依據地震強度清楚規範木構建築高度及結構類型，其中也放寬多樓層木構造高度與納入混合型（鋼 - 木，RC- 木）的高層木構造。日本是木構造發展先進國，受颱風、地震及環境氣候條件影響均不亞於台灣，但仍全力推動，近年來也開始訴求發展都會木構造的可能性。於 2018 年 6 月啟用的菲律賓 Mactan-Cebu 國際機場新航站，屋頂採用新穎的木結構建築設計，呼應了宿霧發展自然生態度假的主題。

如何減少大氣中的二氧化碳

碳保育 （carbon conservation）	保育現存的碳庫，避免排放至大氣中。
碳吸存 （carbon sequestration）	增加現存的碳庫數量，從大氣中吸收二氧化碳。
碳替代 （carbon substitution）	用生物產品替代化石燃料或能源密集的產品，以減少二氧化碳排放。

奧地利西部 Vorarlberg 州 Ludesch 鎮上的 CLT 建築

永續循環和社會性串連實踐

在奧地利西部 Vorarlberg 州的 Ludesch 小鎮，是一個自給自足的生態城鎮，陳啟仁分享參訪當地鎮公所的經驗。巧遇鎮長親自導覽，這個鄉下的小鎮並不是很富裕，畜牧業為主要產業，當地鎮公所的建築採用 CLT 系統來設計，屋頂及遮陽板也鋪設了太陽能光電板，發電量除了自給之外還賣給鄰鎮。鎮公所裡還設置了一間托兒所，一間小小福利社出售當地物產，最讓人印象深刻的是，在有限的空間和經費，竟然規劃了兩間三溫暖和烤箱，詢問鎮長為什麼在拮据的條件下設置這樣相對奢侈的設施？鎮長回答：「每有一位鎮民去大城市看病，需要負擔 60 歐元的社福支出，如果營造一個健康環境，優化鎮民的生活，那麼不是無形中省下許多開支嗎？」公共設施和社會運作的系統結合，造福居民的生活福祉，這是跨部門思維的地方治理達到最大效益的示範。

Ludesch 地處山區冬季寒冷，因此在 CLT 中間做了一個夾層塞入羊毛為建築保暖，不過天然材料效能會衰竭，陳啟仁便詢問鎮長如何解決，鎮長指著窗外，坡地就是產毛羊的放牧地，每年剪下來不合市場規格的羊毛，就做為建築保溫層填充物，不用擔心材料匱乏的問題，是結合當地產業而生的永續機制。

營建部門未制定明確減碳指標

減碳、降低空汙，不僅是能源部門的問題，營建體系的參與者，能不能參與減碳？這裡就談推動木構造可不可以減碳。

世界各國的綠建築，都具體將減碳納入指標，不過臺灣的綠建築指標，是由生態（Ecology）、節能（Energy Saving）、減廢（Waste Reduction）、健康（Health）等面向，訂定出的綠建築（EEWH）評估系統及標章，在減碳方面說不上有主軸論述。

新建於橫跨蘇州胥江的胥虹橋，是目前世界上跨距最大（單跨 75.7 公尺）的木結構拱橋。

推動綠建築當然是好事，不過臺灣在推動綠建築的同時，未特別關注使用高耗能、高傳導係數的材料營造建築，而較思考節能、降溫等等技術，不得不說是矛盾的。這各想法並非提倡從此要拋棄 RC，而是思考還要繼續鼓勵這樣的營建型態嗎？抑或有別的選項？民眾反對水泥公司在花蓮繼續開採水泥，但在住宅營建上還脫離不了使用水泥的思維，這會是無解的問題。若是推廣木構於營造，即使只減少 1～2% 的水泥用量，都會有所助益。現在臺灣高層木構建築法規及技術還不夠成熟，雖不能一蹴可及，但蓋 4 層樓以內的住宅還是沒問題的，若還能從都市常見的增建及改建的問題著手，推動修法，可在原有 RC 構造上增建僅 RC 四分之一重量的 Massive Timber Structure（例如 CLT 結構），還是值得考慮的可能選項。

從綠色經濟啟動亞熱帶建築發展思維

臺灣的土地有 60% 的森林覆蓋率,但森林資源沒有做到循環,只是徒有森林資源,在減碳的成績還數付諸闕如。由於森林吸存二氧化碳量的多寡,是取決於健康森林的淨生長量,未開發的天然林雖可吸收大量的二氧化碳,但森林群落中的其他生物呼吸量大,加上枯枝落葉大量分解有機質所釋出二氧化碳,天然林吸收、釋放二氧化碳量基本上是平衡的。天然林在碳貯存量雖高,但其生產量與枯死量略維持平衡,故淨生長量大致為零。

台灣的柳杉人工林。

因此,若要推動綠色經濟,跟上國際減碳、永續發展的腳步,以下幾點是需要面對並克服的問題:

一、因國內林業發展問題,導致目前有 99% 木材仰賴進口,卻買不到碳權交易。
二、臺灣森林覆蓋率佔 60% 國土,卻沒能扮演國家減碳的發動機。
三、建築技術規則對於樓高 4 層或簷高 14 公尺以內的規定保守,無異質構造之考量。
四、施工技術規範對於制式工法與開放式設計未分流。
五、防火設計規範過於簡略,對國外制式工法不採納,國際接軌落後,增加營建成本,無法提高市場誘因。
六、90% 以上的研究資源投入在 RC 構造與鋼構造,木構造研發資源過低,建管部門對材料工法生疏與消極。
七、美、加、日、歐各國均有積極的技術交流與產業推廣意願,臺灣僅有形式上的交流。
八、對於引進營建新系統(如工程木材、CLT 等)的態度保守。

對應可能的突破點,以下提供具體的方向:

一、持續和高品質、高性能的進口木材及貿易夥伴合作,但應積極爭取減碳的績效回饋。
二、配合林務局的林業再生計畫,適度推動國產材應用於公共工程,獎勵造林政策要創造更多多元經濟效益,提高永續的造林的經濟應用性。
三、建築技術規則取消樓高限制,並推動異質構造,回歸尊重專業技師設計及簽證之能力與責任。以防火法規及區劃分便不同構造型的限制及規定即可。
四、防火設計規範容納國外國家標準及專業機構之工法技術。
五、建築研究所整合工程,環控及安災三組,與科技部推動大型木構造國家產業計畫,以推動產業為主,設定 KPI 分短中長期管考驗收。
六、推動公共工程使用一定比例之木質材料(室裝或結構)為策略(參考綠建材推動機制),展現政府推動決心。亦可與林務單位合作,以每年固定材積量推動國產木材的循環。
七、發揮國家級實驗室能量(臺灣的國震中心、建研所的工程材料、防火及環控實驗室設備均為亞洲之首),以木構造發展提升臺灣在亞太地區的研發地位。

從永恆到永續,詮釋人類文化的價值

就耐久性而言,木建築的耐久性不在於材料的「永恆」,而在於材料的永續性(因木材本身就是再生資源),以具有歷史價值的建築物而言,建築形式的保存,營造工法的技藝傳承及文明歷史演進的軌跡,才是真正的不朽。木質材料的耐久性

除了牽涉到材質本身的物種特性，如樹種與等級之外，材料本身所處的環境條件，更有決定性的影響。

採用木造的建築就必須接受木材的特性，不朽的概念不應該建立在「材料不朽」之上，實際上也不存在不朽的材料，而是以可再生的方式延續，這是木材為何被賦予建造不朽建築的任務。木材可以被暴露，也可以被掩飾，暴露於外的木材一則須有高度的耐久性，二則須有高度的替代性，但就建築設計而言，保護重要的部位（結構與接點）是永遠不變的鐵律！事實上，在現存的木構造建築中，高品質、高抗蟻性的原生木種（如檜木、扁柏）與正確的設計與施工細節（如通風對流、架高的樓板設計），都是善用原生材料並因應台灣風土氣候條件的建築智慧。

近年古蹟修復、文化資產保存觀念日盛，越來越多人欣賞、喜愛木造老建築，但卻沒因此帶動對木材的喜愛、間接推動新建木構造的風潮，反而將古蹟、老房子當成過去式、懷舊的，木材被視為「非現代」材料，與現實是脫節的。人們喜愛木的自然與質樸，以及欣賞木構造的細緻，卻忽略了前人的構築技術和文化生活面是延續的。建築的產品不僅是創造市場經濟效益，更重要的是兼顧環境效益（低碳節能）與社會效益（居住品質），進而能夠成為營建部門減碳的具體行動，以發展永續林業帶動全生命週期的低碳營建產業，做為面對未來環境變遷挑戰的解套良方。

建於 1937 年，是現在高雄橋頭糖廠留存的唯一六連棟宿舍。毀損最嚴重的區域，以集成材做成半圓形結構的棚頂，改造為半露天形式的木作教室。

高雄橋頭糖廠六連棟日式宿舍修復後。

人類創造的水泥叢林，儲熱耗空調，住起來並不舒適。

入住都市新選擇

撰文＿陳佩瑜・洪育成

鋼筋混凝土的 Urban Context

早在古羅馬帝國就被發現的混凝土建材，踽踽獨行了一千八百多年，到了十九世紀中葉，與工業革命後才被發展出來的鋼筋一拍即合，成為現代主義大師們手中的陶土，揉塑出各處的居住環境及都市景觀。二十一世紀，當已開發國家群集反思環保議題，這個稱霸有一世紀之久的材料與工法開始從世界的舞台淡出之時，國內的某些產業卻還沾沾自喜有各種辦法可以拖住這種建材的價格尾巴，不讓它上揚。更遑論原本以為堅固耐用的優點，現在卻成了儲熱耗能的夢魘。住在這堅不可摧的水泥都市叢林裡，代價沒有人們想像的低。

Hybrid 混合式構法

於是很多客戶，在國外經歷過舒適的木構造環境，來到考工記尋求他們心中的夢幻住宅。2X4（框組式）木構造系統是一種經濟、舒適、便捷的經典選項。但是，如果基地在都市裡，是無從奢侈地退縮三米去蓋不需試燒測驗的構造。這時，使用「混合式（hybrid）」就可以突破現況的限制來替客戶圓夢。

撰文者簡介

■ 陳佩瑜
現任
臺中科技大學室內設計系助理教授
考工記工程顧問公司專案建築師

■ 洪育成
現任
考工記工程顧問公司負責人
東海大學建築系兼任副教授

西雅圖的華盛頓大學學生宿舍，是 four over two（四層 2X4 式木構造蓋在兩層 RC 構造上）的方式構築而成。

微軟總部所在的 Bellevue 市，市區中的高級公寓是 four over one（四層 2X4 式木構造蓋在一層 RC 構造上）的方式構築而成。

臺中潭子案，one over two 方式。第三層是木構造，戲劇性的視覺消點來自外露出 glulam（膠合樑）桁架系統，白色石膏板牆內則是 2X4 木骨料。這一層空間，成了此案全家不分老幼最喜歡駐留的生活點。

臺中南區案，one over three 方式。第四層是木構 S 造，以正統的 2X4 木骨料系統全面覆以具防火性的石膏板。

不過國內的木構造法規尚未臻成熟，雖然有規範木構造至多可達四層樓高，但不表示可以盡情地設計四層高的木造房子。因為官方木構造防火法規只有提出「木造牆壁」的組成與防火時效，卻沒有提出「木造樓板／屋頂」的組成與防火時效，於是消費者的任何木造樓板／屋頂組成，都必須經過費時花錢的試燒程序，通過防火時效測試才能付諸實行。

相較於國外木構造法規健全的環境──建築師只要如翻閱網購型錄般，簡易輕鬆地從法規舉出的各種牆、樓板、屋頂木造組成（assembly）中挑出想要的就可放進設計裡──我們卻只能望梅止渴，四層都是木造的設計，在都市裡，是無法成為消費者的實際選項的。只能將設計層數的最高一層，以木牆構造設計，站在 RC 構造的 RC 樓板上。

臺中潭子的 one over two（一層 2X4 木構造蓋在兩層 RC 造上）及臺中南區的 one over three（一層木構造蓋在三層 RC 造上）兩案，就是以 hybrid 方式在 urban context 中置入新型態。臺中潭子案的木構造部分，為了創造戲劇性的視覺消點，於是外露了架構出頂樓量體的 glulam（膠合樑）桁架系統，其餘的 2X4 木骨料則以具防火性的石膏板覆蓋。而臺中南區案，則是以正統的 2X4 系統架構頂樓量體，全面以石膏板覆蓋。

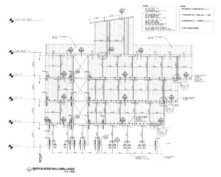

森科總部案，結構技師設計出 Steel Bearing Box 和 Wall Tie 拉住層層出挑的樓板。
（圖片來源：WoodTek）

CLT，都市高層木構的曙光

一直到六年前，國內消費者可以住在全棟數層皆為木構造的盼望，終於可以如願以償了。歐洲研發成功多年的直交集成板式木構造—— CLT（Cross Laminated Timber），國內有廠商引進以「新材料新工法」的方式，通過試燒程序，取得了防火認證。於是在都市環境中，這種方式的木構外牆不必退縮三米；不論是木樓板、木牆版還是木屋頂版，全部都是電腦鋸預先切割好，運至工地後以乾式組裝施作，快、精準、乾淨；總自重比同規模的 RC 構造輕很多，受地震力影響大減；最重要的是，CLT 的隔熱性佳，住在裡面省能又舒適。

森科總部一案，就是考工記以 CLT 這種材料所設計的第一件示範作品。四層高的外型像一座上下顛倒的樓梯，一層一層向外挑，是為了突顯板狀樓板的出挑極限。這棟沒有樑、沒有柱的建築物，就像組樂高積木或 IKEA 送來的傢具一樣，只要按照說明書，把編了號的預製厚木板，以美國外露式五金接合起來。此案的木構外殼，施工期只用了 28 天。

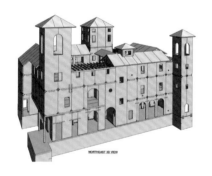

臺南安平案，原 RC 造的結構設計需用 25 公分厚的承重牆，改成 CLT 木構造後，結構計算牆厚只需 14 公分。（圖片來源：rjc 結構公司）

臺南安平案，原本以 RC 造的施工圖都已經送照了，後來改為 CLT 造。經結構技師重新計算，自重變成原 RC 造的 1 ／ 5，既減輕基礎受力，又按 f=ma 的原理，構造在地震時受力也變小。整個案子的外牆厚度變薄，加上不必有樑柱，隨之增加室內淨寬。

臺南安平案,每片板塊都預裁好後,運至工地吊裝,以義大利隱藏式五金作乾式組接,工法快速、精準,木構外殼施工期 28 天。
(圖片來源:WoodTek)

安全	迅速	省能	健康
自重減輕	預製工法	不吸熱	天然建材
f=ma	施工期短	不儲熱	芬多精
受地震力較小	施工精準	隔熱效果佳	不釋放氫氣
	工地乾淨	節能省錢	乾燥舒適環境

以 CLT 構造取代 RC 構造,有安全、迅速、省能、健康等各層面的優點

1990 年代發源自歐洲的 CLT,使用在地震帶上的義大利就已經可蓋至 9 層高了 Via Cenni Milan,9 層高的社會住宅,是義大利目前最高的 CLT 造建築。北美及日本也急起直追,紐約大建築事務所 SOM 去年提出了 CLT 可蓋至 42 層樓的研究計畫,美國正在增編建築法規中的木構 CLT 專章,地震帶上的 Portland(波特蘭市)正開始 12 層 CLT 造的施工,紐約建築事務所 SOM 於 2016 年提出了以 CLT 加 GLULAM beam and column(集成樑和集成柱)可蓋至 42 層樓的研究計畫;在地震帶上的溫哥華今年已有 18 層樓的 CLT 木構造完工了,溫哥華卑詩大學校園內的 Brock Commons - Tallwood House,18 層高的學生宿舍,是全世界目前最高的 CLT 造建築;日本除了增修相關木構造法規之外,也開始思考林業資源之利用,已自行研發生產出 CLT 板塊。

對國內的居住消費者而言,這些入住都市卻環保健康的新主張,不啻為多一種更舒適的選擇。

所在地：臺中市西屯區
木結構應用：臺灣第一棟高樓層 CLT 結構建築

>引進歐洲當紅環保建築工法
WoodTek 森科總部大樓

坐在高鐵上發現這棟坐落在筏子溪旁的木橘色木造建築物時，瞬間感覺一棟以木構為概念的CLT建築得以實現，將會掀起臺灣以混凝土為主的都市叢林景觀巨大變化。

撰文__曾家鳳 圖片提供__考工記、WoodTek 臺灣森科

WoodTek 臺灣森科總部大樓有著奇特外觀，像是個倒置樓梯，讓人不由自主地就會被它吸引眼光，考工記工程顧問有限公司負責人洪育成表示，當初規劃這棟建築物時除了在外觀上可成為地標外，更希望它能以臺灣第一棟 CLT（Cross-Laminated Timber）建築作為一個象徵亞洲綠建築發展的里程碑。

不再橫向發展 臺灣現代木建築未來

設計充上分善用 CLT 工法特性，把每層樓以一個方盒子概念一個一個往上堆疊，愈上層的盒子，量體就愈大，向上逐層懸挑，為得就是想證明在既定印象中輕量木材也能達到懸挑特質，此設計同時滿足建築機能性，讓每個樓層成為下方盒子的大雨遮，加上屋頂保溫層和主結構牆之隔熱效果，讓室內空間不管在雨季，或是酷熱的夏季都可保有涼爽的室內空間。利用量體規劃中常見地電梯與樓梯組合關係、帷幕系統搭配達到前端懸挑量體視覺平衡效果，而垂直動線的梯間呈現出明亮的採光，整體大樓呈現出新型態的木構造技術和現代的建築手法語彙，顛覆以往對傳統木構造設計的想像，也讓木材的本質發揮到淋漓極致。

Design Data

- 個案簡介

案 名	WoodTek HQ 臺灣森科總部大樓
所 在 地	臺中市西屯區
建 蔽 率	42.04%
容 積 率	155.96%
基地面積	264.95m²
建築面積	111.38 m²
木結構供應	KLH massivholz GmbH
木構木材使用量	370m³
結 構	EQUILIBRIUM、駿宏工程顧問有限公司
樓 數	地下 1 層、地上 5 層
耐火性能	1 小時
業 主	向陽營造工程有限公司
設計期間	2012 年 1 月至 2012 年 12 月
施工期間	2013 年 9 月至 2014 年 7 月

- 設計者簡介

事務所名	考工記工程顧問有限公司＆陳永富建築師事務所
設 計 者	洪育成
簡 歷	美國密西根大學建築及都市計劃系／建築碩士，專長木構造建築設計、綠建築，現任考工記工程顧問有限公司負責人。

技術面可行，解決法令配套才能與世界接軌

CLT 本質上就具有很強的承重能力，並且不論是在縱向，還是橫向組合應用方面，都可以作為一種重要的承重材料。在未來往中高層建築發展已不是夢，過去數年中，新的八至十層的木質結構建築，在義大利、英國和澳大利亞紛紛興建。因為 CLT 採用預製工法（prefab）可以大幅縮短工期，提高施工效率。在英格蘭，9 層全木結構的 Murray Grove Tower 住宅大樓使用了交錯層壓木材作為建築材料，在短短 9 個星期內就豎立起來；為了應證此點，做為示範建築的森科總部大樓也挑戰了從無到有僅花費 20 天即完工的話題性。

CLT 絕對可用於高達 10 層木結構建築的結構材料，並達到水泥或鋼材的建設性，重點就在於政策與金融保險相關配套實施下，臺灣建築業未來有機會轉變、更為多元。

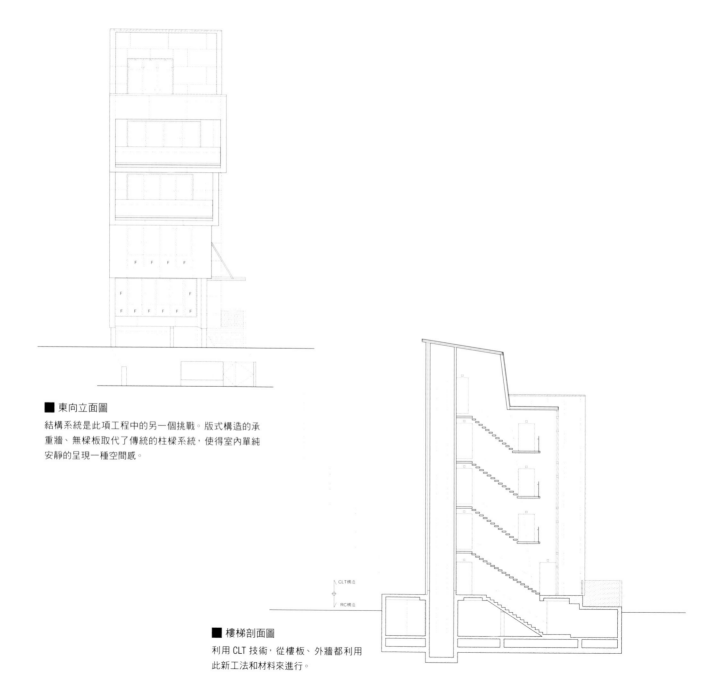

■ 東向立面圖
結構系統是此項工程中的另一個挑戰。版式構造的承重牆、無樑板取代了傳統的柱樑系統，使得室內單純安靜的呈現一種空間感。

■ 樓梯剖面圖
利用 CLT 技術，從樓板、外牆都利用此新工法和材料來進行。

工法中所使用的「重型木構造」而言，比起一般建材更能有效地防火。

牆體已經具備承重功能，因此室內並無任何梁柱，讓外牆與結構合而為一，不須另外施作室內裝修。

CLT 結構體跟清水模混凝土一樣，不須加以修飾就是耐看的素材。

使用的木材可以是人工林的經濟樹種，隔熱及防火功能優異。

臺灣氣候環境與美國佛羅里達州相似，在建築設計上可以有許多參考型態。

所在地：臺北市南港區
木結構應用：量體牆面採用 CLT 結構積材

> 訴求環保、美觀新型態住宅
臺北市南港區中南段公共住宅新建工程競圖

「讓你擁有一間自己的房子!」在政府推動新型態住宅空間政策下,人們不僅實踐了買房美夢,若搭配迎合未來性的節能減碳的環保建築手法,不論是社會住宅抑或集合住宅,將會是都市生活空間中的視覺指標。

撰文＿曾家鳳　圖片提供＿王銘顯建築師事務所

臺灣都市住宅多為鋼筋混泥土(以下簡稱為 RC)量體,不僅建造過程產生大量二氧化碳,且存有吸熱問題導致室內舒適度降低,再加上在五六十年前經濟快速起飛下被大量建構,現今面臨耗損嚴重問題,因此王銘顯建築師事務所師法現下日本及奧地利愛好的 CLT(Cross-Laminated-Timber),期盼除了藉由其冬暖夏涼材料特性、良好隔音效果,提升住宅生活品質外,更進一步從環境層面提升公共住宅對於「節能減碳」、「環境友善」的示範效應。

善用 CLT 工法 營造都市內垂直綠意森林

王銘顯提到,CLT 工法在 1995 年開發成功後,歐洲普遍接受度很高,並有逐漸普及的風氣,因為 CLT 經過處理後,具有耐候、1 小時耐燃、防白蟻等功能,相較於 RC 還有組裝簡易,能夠降低施工時間優勢,而且無需內裝更是其最大優點!因此本案中順應此特性將其發揮於公共住宅中,將多種不同大小的 CLT 盒子嵌入主要 RC 結構量體,運用拉伸、進退等手法營造出凹凸錯落空間,並在其內種植植栽,成為都市內的垂直森林視覺效果。室內隔間及地坪均為 CLT,以木質牆面及地坪使空間呈現溫暖氛圍。不僅建造費用可預期降低,同時又能達到環保特性。

其實這非王銘顯第一次採用 CLT 工法,在原公賣局改建為嘉義市美術館的設計中,即以 CLT 外牆替代原外牆,不但減輕建物重量,也統合了鄰近 3 棟建築的立面。原先的 12 公分鋼筋混凝土外牆中,需拉水電管線、綁鋼筋,之後上內外模板、灌漿,末了進行防水工程及貼磁磚等,以 CLT 外掛牆工程代替,可省下一半工期,並可直接吊掛,無需搭鷹架,相對安全。而本案則是利用四種不同顏色仿木紋外牆版外掛於 CLT 牆面外,不僅可以達到通風性,更提升立面層次感。

Design Data

● 個案簡介

案　　名｜臺北市南港區中南段公共住宅新建工程競圖
所 在 地｜臺北市南港區
建 蔽 率｜38.8%(法定 45%)
容 積 率｜286.5%(法定 337.5%)
基地面積｜約 2,231 ㎡
建築面積｜約 865.56 ㎡
結　　構｜柱梁、框架內樓版及屋頂為 RC 結構;外牆及懸挑樓版為 CLT 結構
樓　　數｜地上 15 層,地下 3 層
耐火性能｜1 樓牆、樓版 2 小時、柱梁 3 小時防火時效(1 樓全 RC);2 ～ 11 樓牆 1 小時、柱梁樓版 2 小時防火時效,12 ～ 15 樓牆柱梁樓版 1 小時防火時效
業　　主｜臺北市政府都市發展局
設計期間｜2016.7 月～ 8 月
施工期間｜競圖案

● 設計者簡介

事務所名｜王銘顯建築師事務所
設 計 者｜王銘顯
簡　　歷｜曾任職團紀彥建築設計事務所(執行日月潭向山行政中心新建工程、桃園機場第一航廈改善工程),嘉義美術館、金門水頭港航運中心都是其具代表性的作品。

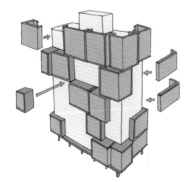

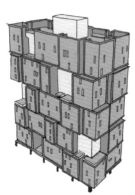

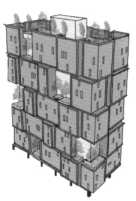

■ 分析

將大小不同量體嵌入主要量體，再利用拉伸、進退手法塑造凹凸錯落空間，即便是高層樓住宅，卻不會造成壓迫感。主結構量體採鋼筋混泥土，再搭配 CLT 材料來解低環境污染損耗。

■ 夜景

所有立面上的景觀燈具結合了太陽能輔助供電系統，與自然可以達到巧妙平衡，溫柔的光線也能營造出舒適氛圍。

RC結構建造

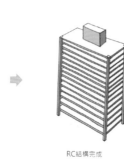

RC結構完成

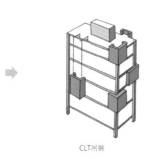

CLT吊裝

外飾材裝修後完成

■ 施工說明

在基礎 RC 結構建造時，CLT 木材及在工廠組裝，當結構完成時即可現場吊裝，加上外飾材後即可完成，施工時間大幅降低。

■ 內裝
室內隔間與地坪皆為 CLT，可使空間呈現出溫暖氛圍，加上冬暖夏涼特性且有良好隔音
效果，為住宅提供良好生活品質。

■ 俯視
直向開窗模式可讓光線較大量
進入空間內，同時也提升室內
通風效果。

所在地：臺中市東區
木結構應用：主堂大跨距屋頂採用木組合桁架

新堂區一樓主要入口特地挑高樓面，讓人可以自在地與建築環境互動。

> 臺灣基督長老教會忠孝路教會
社區空間生活中不可抹滅平台

建築的起點始於自然，由人的雙手牽起連結，再透過材料展現，正是如此多元因而不能以片面思維著眼，細心窺探下會發現，建築體需與社區產生連動，又能讓人在其中沈澱，就如同教會存在於社區一般。

撰文__曾家鳳　圖片提供__立‧建築工作所

立 建築工作所負責人廖偉立如此說：「建築，本身就是一個宇宙。存在著許多相連動的『關係』。」空氣必須在其中流動、光線能夠自然滲透，而人們必須走進其中，所以當他接觸到教會建築設計時，他喜好從觀察環境進而思考設計並創造它；結合新舊堂區的臺灣基督長老教會忠孝路教會一案，正好可以善用歷史意義、社區生

活上的新舊意義加以呈現，展現出各自建築體風華多樣，但又相互關聯的巧妙關係。

臺中市南區過往多是機械製造業，聚落多以磚造和鐵皮屋為主，為了迎合環境特別在外觀上選擇金屬銅板與清水磚為主材料，呼應景觀外，也隱含著空間使用特性上的差別。

主堂外部不同鏽蝕的銅板以由下而上漸深色澤隱含方舟上的海浪意象。

Design Data

• 個案簡介

案　　名｜臺灣基督長老教會忠孝路教會
所 在 地｜臺中市東區
建 蔽 率｜66%
容 積 率｜253%
基地面積｜1833 m²
建築面積｜1057 m²
結　　構｜鋼筋混凝土構造 + 鋼構造
樓　　數｜地上 5 層、地下 2 層
耐火性能｜耐燃一級
業　　主｜財團法人臺灣基督長老教會忠孝路教會
設計期間｜2010 年 07 月至 2011 年 06 月
施工期間｜2012 年 03 月至 2015 年 06 月

• 設計者簡介

事務所名｜立‧建築工作所
設 計 者｜廖偉立
簡　　歷｜生於臺灣苗栗縣通霄鎮，現為臺灣註冊建築師，2001 年在中臺灣（臺中）成立立‧建築工作所（AMBi Studio）以臺灣中西部的地景、人文為基地與背景。

亦聖亦俗 並非高不可攀的教會建築

以帶狀連續的開放空間串連兩個堂區，一方面可獨自保留舊堂區寧靜感，但也能創造出新堂所需的社教機能，在建築體上以由低至高地漸次高起、動靜相輔之下完整展現 21 世紀中多變的社區功能型態。

有如一般人意象認為愈靠近天的方向離主愈接近、聖經之「殿在山頂上」的概念，特別將本案的主堂設於四樓；一路從梯間往上時透過梯間長窗光影慢慢地感受光影變化，也漸漸地沉澱自身心靈，穿過被刻意壓低的主堂外梯間，視野頓時一片開闊，可容納一千人的挑高主堂採用 22 米鋼木混構大跨距結構，再結合木造傢具和集成材型塑出溫馨而可親的禮拜空間。利用流動於空間的風、自然穿透的光線形塑出莊重而典雅的氛圍，有如聖經中「神就是光」的意象，主堂中沒有形體雕刻物，只是在主堂屋頂開設諸多小型三角形天窗，讓光線與木頭產生溫潤的折射，暈染聖潔光燦的空間氛圍，搭配上層疊的玻璃通風百葉引入流動的風，即便身處室內卻也感覺與神十分親近。

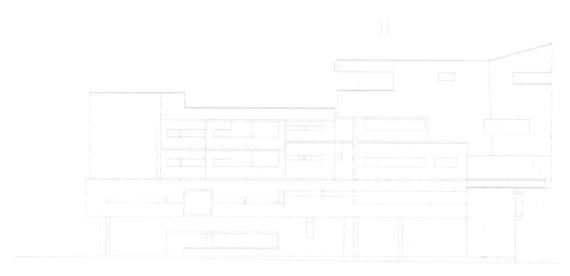

■ 西向立面圖
迎合地理環境與歷史背景，舊入口區採磚材、另一側則採金屬銅板為材。

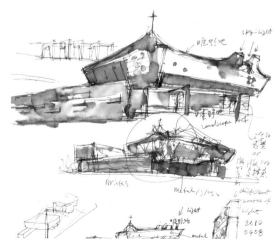

22M 大跨距的鋼木複合桁架結構，配合有生命的銅板材料，隨氣候有不同色澤變化。

主堂以鋼、木組合桁架完成 22 米大跨度結構。每跨角度都必須精準拿捏。

L 型角鐵組合的桁架實現輕巧的視覺效果。

所在地：台東縣池上鄉
木結構應用：木拱與鋼構件組成之桁架系統

一座拱架為三段式組裝而成，底座部分為一對柱體夾著鋼柱，使用預埋金屬扣件結合，靠金屬與木頭摩擦力緊實固定。

> 池上火車站
創造生活記憶的美好片段

守護鄉土的「穀倉」，在木拱的可靠圈抱之下，在「屋中屋」的概念之下，並以玻璃的清透援引大把大把的日光，使車站建築不僅儲滿了旅行記憶，同時也儲滿了花東縱谷的陽光與風。

撰文＿李佳芳　圖片提供＿大藏聯合建築師事務所　攝影＿李佳臻

池上鄉擴往熙來的中正路上，池上火車站靜靜坐鎮路底，忠實護衛著小鎮的出入門戶。初探池上火車站改建工程，原定計畫是要將火車站北遷240公尺，但甘銘源建築師卻以為車站建築所思考的，除了承載大眾運輸功能之外，更重要課題在於探討車站與城市的關係。

他說：「站體遷徙的衝擊對大都會商圈而言仍有重建可能，但對於池上這樣的小鎮來說，卻很可能引發不可收拾的敗市。」考量池上火車站與站前商業街（中正路）的關係已持續將近百年，大藏聯合建築師事務所透過地方民意陳情，將計畫變更為舊站原址改建，卻也使建築設計面臨更加複雜的條件限制。

拱架賦予空間戲劇張力，加上天窗帶來的天光變化，短短40公尺的斜坡道氛圍感十足，也成為地方上另類的藝文空間。

Design Data

• 個案簡介
案　　　名｜池上車站
所 在 地｜臺東縣池上鄉
建 蔽 率｜10.8%
容 積 率｜15.97%
基地面積｜27,139.14 m²
建築面積｜總面積 1,120.37 m²（新建建築面積 1,115.44 m²）
樓地板面積｜總樓地板面積 1,736.72 m²（新建建築面積 2139.91 m²）
結　　　構｜木拱與鋼構件組成之桁架系統
樓　　　數｜地上二層，地下一層
耐火性能｜目前查無此資料
業　　　主｜交通部臺灣鐵路管理局
設計時間｜2011 年 4 月至 2012 年 2 月
施工時間｜2012 年 7 月至 2017 年 1 月

• 設計者簡介
事務所名｜大藏聯合建築師事務所
設 計 者｜甘銘源、李綠枝
參與人員｜謝喜新、王逢君、王彩秀、俞岳斯、陳威志、李洤桓、陳怡君、歐宇羚、林怡妙、詹秀玲
監　　　造｜曾鳴宜、陸佩君、賴平福、吳翠蓉、張健財、方再生、黃錫雄、吳顯揚
簡　　　歷｜大藏聯合建築師事務所成立於 2000 年，由甘銘源與李綠枝兩位建築師合組而成，過去從公共建築起家，並投入文化、教育或宗教類建築發展，持續探討使用鋼、木、竹等輕構造，發展更加環保、經濟與健康的建築。作品「宜蘭五結簡宅」獲 2011 年第三屆臺灣住宅建築獎優勝、「雲林虎尾農博公園」獲 2015 臺灣建築獎首獎。

穀倉內的拱架

原址改建首要面對的是原基地的缺陷，尤以不可遷徙的系統機房，佔據大部分面積，如何滿足服務空間的需求，並化解車站與鐵軌地面2米以上的高低差，都是設計上的一大挑戰。為了解決系統機房的問題，建築團隊決定以「大餅包小餅」的手法，以小屋的概念將行車室、辦公室、繼電室，整合在一座大型穀倉建築，並以一上一下的斜坡道廊道，引導旅客從候車大廳上到月台，無形中化解了動線的不適。

雖是從「穀倉」概念出發，但池上火車站的木構造卻有別於傳統常見的 king post 系統，而是使用結合金屬扣件的三段式拱架，利用金屬粗條斜撐與細鋼線等，將拱架與屋頂骨架結合成穩固的結構體。甘銘源建築師表示，傳統木架在處理空間關係時，不如拱架來得多變柔軟，其造型所賦予的張力效果，使得一趟短短的長廊穿越，令人不禁再三回首。

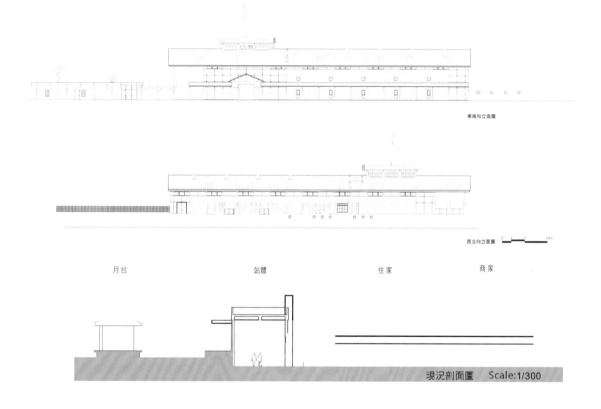

東南向立面圖

西北向立面圖

| 月台 | 站體 | 住家 | 商家 |

現況剖面圖　Scale:1/300

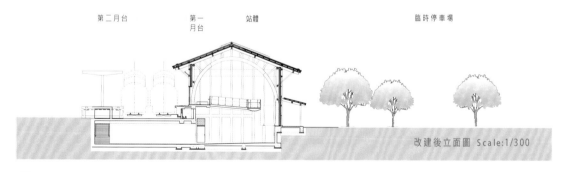

第二月台　　第一月台　　站體　　臨時停車場

改建後立面圖　Scale:1/300

■ 長向立面剖面圖

本案結構結合屋頂木樑與拱架，三段式拱架使用花旗松集層材，先在工廠預鑄完畢，並利用金屬構件與屋頂木樑結合。考量颱風問題，為了避免風洞損害屋頂，屋頂骨架接點並以細鋼線拉固。在車站大廳正上方屋頂，設有通風換氣功能的太子樓，除了為被動式節能設計之外，同時也加強標示車站的入口意象。

為了符合建築法規「防火時效1小時」的要求，拱架露出面加上
5公分厚度，直接用木頭的厚度做防火層。

過了剪票口之後，由於室外正對停車場，加上為了營造氣圍效果，
因此外牆改為木飾板，利用天窗與側窗採光，讓視覺焦點可以集
中拱架。

池上火車站因有海岸山脈與中央山脈屏障，使
得東西曬的問題不大，鐵皮屋頂加上3英吋岩綿，
即可符合斷熱需求。

內部挑高11～12米以及簷下氣窗設計，（南北）長向通風加上（東西）短向通風，使得火車站內不需裝設空調，夏季一樣可以保持舒適性。

■ **所在地**：宜蘭縣頭城鄉
■ **木結構應用**：住宅主要構築系統採框組壁式木構造

四層樓透天住宅利用木構造建築特性加上大量開窗，釋放都市生活中與自然接觸的可能性，傳遞出城市中也能有宜居的鄉村生活。

>宜蘭厝烏石港計畫 木造多孔隙家屋
拆解封閉 創造隔熱防潮新住宅

還記得小時早晨，總會打開窗享受和煦陽光灑在臉龐的溫暖，微風輕輕吹拂、聽著麻雀啼叫的愜意曾被經濟快速發展而剝奪，人們不再開窗、封閉於水泥牆中，然而木造住居將此般情景再現於都市生活之中。

撰文＿曾家鳳　圖片提供＿原典建築師事務所

隨著經濟發展愈發興盛，都市集居型態演變成人們將自身綑綁於一個個毫無外在連動功能的盒子中，不僅住居本體失去與對流通風效益，就連人們也被動被迫放棄與自然互動可能，於是原典建築師事務所設計團隊響應宜蘭都市計畫區內住宅低碳與永續綠建築營造方向，透過適度拆解，將一個盒子分散成幾個盒子，讓陽光、空氣透過空隙滲透進住居，自然風流讓室內生活空間變得通風，減少臺灣氣候條件引起的潮濕悶熱困擾，同時創造室內生活的延伸，鼓勵人走到半戶外與自然對話，即便只是在家中也能沐浴於暖陽之中，試圖讓人們在都市集居中尋回鄉村住居的溫樸感動。

Design Data

• 個案簡介

案　　名	宜蘭厝烏石港計畫 木造多孔隙家屋
所 在 地	宜蘭縣頭城鎮
建 蔽 率	34.3%
容 積 率	100.8%
基地面積	212.10 m²
建築面積	72.74 m²
結　　構	框組壁式木構造
樓　　數	地上 4 層
耐火性能	防火時效 1 小時
業　　主	宜蘭縣政府
施工期間	基礎與 1 樓 RC 構造 3 個月、2~4 樓木構造 6 個月

• 設計者簡介

事務所名	原典建築師事務所
設 計 者	陳俊言、陳瑞笛
簡　　歷	臺灣註冊建築師，曾為東海大學建築系兼任講師。專業經歷豐富，曾主導各類型建築環境工程，涵括建築、景觀與室內空間塑造，並多獲各類獎項肯定。

因應宜蘭颱風多的氣候環境，特別在建築穩定度上採用木構加鋼構混構方式呈現，達到雙重保障效果。

師法自然 健康而舒適的木造居宅

放大都市住居空間與自然的互動可能使用性後，原典建築師事務所陳俊言建築師更進一步大膽思考「是否可能結構性上也能回應綠色構築？」考量宜蘭當地風土存有多雨、風強加上本體結構錯層基礎下，不合宜採用鋼構與混凝土構造，於是選擇輕量的框組壁式木構造為主要構築系統，搭配複層外牆構造，空氣對流效果佳，僅依靠建築本身構造即滿足「冬暖夏涼」要求，可謂是新一代節能減碳建築。

相較鋼筋混凝土建築吸熱能力強、隔熱效果差，木構造房屋藉由高性能的複層外牆設計，阻絕烈陽直接曝曬外更加強空氣流動，如同給房子裝了一層保護膜，讓人重溫夏季室內氣溫 25 度以下、冬季 20 度以上健康而舒適的生活環境。

其實木造建築不僅迎合自然，更有降低施工時間優勢，搭配防腐及低含水率木材均能有效達成隔熱、防水防潮及節能減碳的效益，再透過完善使用填充棉等防火處理達到維持防火時效 1 小時，為迎接未來注重環保、永續發展的居住環境，木造房子的可能性已不容小覷。

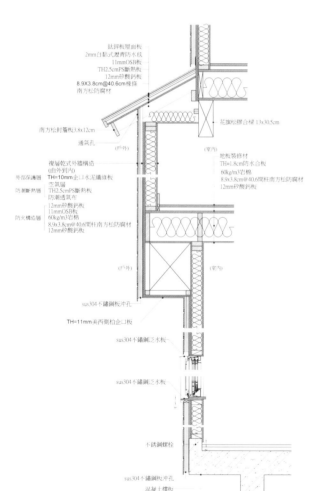

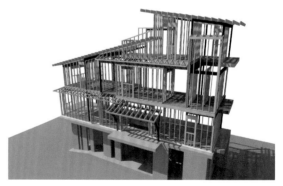

因應宜蘭地震多、多雨特性，一樓採用混凝土建築穩定基礎，二樓以上則以錯層框組壁式木構造為主體，不僅拉出許多半室外生活空間，更成功地用建築設計手法達到空氣流通效應，做出被動式建築設計的節能減碳效益。

■ 外牆剖面圖
複合牆面設計可以大幅度解決臺灣風土氣候產生的潮濕、悶熱問題，透過裝飾外牆與內牆保留三公分左右空隙達到空氣流通、減輕內外壓力不同的滲水問題；而內牆即透過填充棉達到防火效益。

一樓採用混凝土建築穩定基礎，二樓以上則用木構造建築設計，不僅外觀美麗、施工時間降低，同時還保有通風效果。

連通整棟建築的樓梯間採用原木設計，營造室內自然氛圍，同時也達到空氣流通效果。

大量開窗的設計理念下，又適度地避開窗對窗困擾，在都市空間中依舊可以保有隱私生活感。

木構房子在室內空間呈現上因為沒有樑柱問題，所以即便坪數小，但視覺效果卻異常通透。

所在地：臺中市東勢區

木結構應用：大跨距屋頂採用集成材、木構與鋼筋混凝土垂直混構

選用木造，不僅環保，也能讓旅館外觀色澤更貼近園區自然林木調性。

>東勢林業文化園區
臺灣木造建築集大成

在環境永續議題延燒下，可再生、永續、固碳，真正達到零排碳的木造建築儼然已是未來新趨勢，它不再只是小木屋或古蹟，可用於大型建築、而且耐震耐火；臺灣建築設計團隊也看到了此趨勢將其發揮空間施展於具有林業歷史的文化園區內，為減緩地球暖化也能盡一份心力。

撰文__曾家鳳　圖片提供__黃明威建築師事務所＋擊壤設計

位在東勢的林業文化園區，前身為「大雪山林業公司」，是 60 年代東亞地區最大製材廠，也是全台首先導入美式一貫作業的廠區，創造了臺灣示範性的林產工業，帶動當時的經濟繁榮；但時空背景一轉，21 世紀當下，林業風華不再，然而廠區製材廠、辦公廳舍、貯木池、木構造員工宿舍等木材工業史蹟保留完整，在此獨特林業歷史背景及發展條件下，擊壤設計＋黃明威建築師事務所許浩銘建築師看見了臺灣木構建築的發展契機，將重新活化再利用製材廠設施遺構，規劃為木構教育中心、展演空間等，展現「木材」在建築舞台上數十年來被人們所遺忘的重要地位。

Design Data

● 個案簡介
案　　　名｜東勢林業文化園區
所 在 地｜臺中市東勢區
建 蔽 率｜40%
容 積 率｜120%
基地面積｜17.21 公頃
建築面積｜5490.5 平方公尺
結　　　構｜鋼筋混凝土構造＋木構造
樓　　　數｜地上 1 層、地上 4 層
耐火性能｜1 小時防火時效
業　　　主｜林務局東勢林管處
設計期間｜2016 年至 2017 年
施工期間｜尚未

● 設計者簡介
事務所名｜黃明威建築師事務所＋擊壤設計
設計團隊｜黃明威、許浩銘、林新峰、黃宣穆、
　　　　　劉字禎、梁晏綺、邱育宏、劉育廷、
　　　　　何珉、陳嘉琳、王清漢、吳韋霖、
　　　　　魏嘉言、吳欣蓓、陳欣惠
簡　　　歷｜秉持「重新定義建築的新類型」之
　　　　　核心理念，啟動從建築到室內、從
　　　　　設計到建造的完整落實服務，成為
　　　　　中部極具代表性的典範團隊。

一樓鋼筋混凝土建材搭配木構建築，還能施展出各種不同變化性的工法。

適材適用 發揮建築設計最大可能

佔地約 28 公頃園區內將以複合式展演平台重現風華，為了表現木構建築可看性，設計團隊在第一階段園區開發串連園區觀光的空中廊道，以純木構手法串連過往林業歷史，配搭上未來規劃每年樹屋競賽，讓大家一走進園區就能看見木造建築之美。

而後在旅館與教堂區特別「玩」了許多混構手法，創造木構建築話題性：前者採用現下全球建築圈最具話題性的 CLT 與集成材，以鋼筋混凝土基礎配搭木構建築營造出不失自然韻味的永續建築。除此之外，建築師更希望一處廣結人們匯聚的展演空間可以展現出滂礴氣度，以大跨距木材創造出有機體空間，側看如山型、正面又有高聳氣勢，內部搭配鋼構穩定結構之外也交織出冰冷鋼鐵與溫潤木材混合搭配的新時代美感。

許浩銘建築師：「不用為了木構而木構，只是要提升它的能見度即可！」臺灣多年遺忘木構建築，但當它在世界舞台又再度發熱下，臺灣應當找回過往林業榮景，再創木建築美麗篇章。

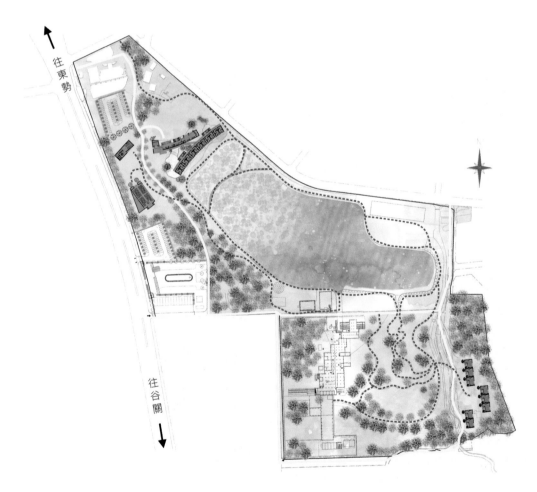

以園區儲木池為中心依據各舊建築為規劃依據，設計有空中廊道、樹屋區、旅館、展演空間、集會場所，讓整體園區迎合其舊有歷史變成一個名符其實的木造生活空間園區，也成為木造建築多變性的展示平台

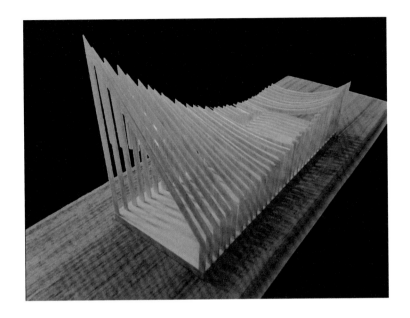

利用木材長短線條差距做出建築高度差距，展現出木構建築的靈活多變。

外牆預計使用源自日本，經高溫燒製碳化處理後，讓木頭更耐候防潮、抑菌防蟲的燒杉板。

案名：簡舍 CHIEN HOUSE
所在地：桃園市觀音區
木結構應用：2×4 工法木作結構

設計者｜深宇建築師事務所／簡祺坤建築師

「簡舍」是簡祺坤建築師與退休雙親的農村木造住宅。有鑑於食安風暴頻傳及全球暖化加劇，認為自身健康與環境健康同等重要的簡家人，決定回歸鄉村自耕自食，並在鋼筋混凝土建築充斥的臺灣推廣可減碳固碳的被動式木造建築。

以被動式設計探討臺灣風土建築樣式；以「建築師自宅是木造建築」來以身作則、言傳身教；透過舉辦講座與見學活動，試圖扭轉臺灣民眾對木屋的刻板印象，建立信心與安心感；朝向「居者健康、地球永續」的目標邁進。

案名：新社半半齋
所在地：臺中市新社區
木結構應用：以花旗松集成材為主，接點處搭配金屬構件

設計者｜德豐木業

「想要一間很簡單的木造小房子，可以泡茶、做瑜珈，有簡單的廚房和午睡的地方」，主修美術與社會學的年輕夫婦業主如是說。入口處兩道平行錯開的混凝土牆形成進出介面，突出的木屋頂界定出戶外玄關。一樓以檐廊包圍，主要空間是以木窗圍合的茶室；二樓 L 型外廊迎向日出，內部是結合廚房、客廳與書房的起居空間。構造上以八根斷面 25×25 公分、貫穿一二樓的花旗松實木柱撐起主結構，集成材與金屬扣件架起樓板與屋頂樑，搭配 H 型鋼製造 3 米深懸挑，形成室外車庫並支撐二樓露臺與浴廁。

案名：石岡 OnOnNature
所在地：臺中市石岡區
木結構應用：大木構

設計者｜自然紅屋／擊壤設計／澤昕木業

極細長的旗杆基地，與東豐綠廊道平行。全長百米，分東西棟，東辦公，西商用。東，清水模塊體，平舒穩定；西，木柱成列，延伸飄逸。恰與綠廊道的帶狀樹林及休息露台對映成趣。

維持總環境的寬舒性，全棟只作 1～2 樓，沒容積考量。而求與腳車道對話，2 樓咖啡座與大露台，都只比車道微高。素材取自自然，尺度但求謙卑，風格烘托人的尊榮，而尊榮來自自然的感動。OnOnNature 希望讓享受「快」的腳車手終究也能享受「慢」。

案名：新竹華德福實驗學校
所在地：新竹市香山區
木結構應用：屋頂木桁架構造

設計者｜水牛建築師事務所

新竹華德福實驗學校是臺灣第一所公辦公營且全新設校的華德福小學。華德福學校的系統源自德國，已將近百年的歷史，其特色以人為本崇尚自由學習的精神，校園猶如一個有機體，能跟隨孩童的身心健康而成長的空間。

特別注重自然材質的運用。因此新竹華德福學校在經費有限條件下，仍挑戰納入木構系統，在屋頂採用木桁架構造，以呈現空間桁架的現代構造之美，打破傳統制式教室格局，讓孩子悠遊於溫潤友善而多樣化的空間中。

案名：竹之隧道
所在地：可移動式建築
木結構應用：以臺灣柳杉、竹子和輕鋼架構成，外部框架為木結構

設計者｜王銘顯建築師事務所

具備豐富森林資源的臺灣是木造建築的沙漠，建築法規限制了木造建築的發展之外，政府也對森林採伐設置了嚴格的規則，目前木材自給率不到1%。「木之家的種子研究會」成員們，透過展覽與演講活動，將木造元素放到作品之中，積極地推廣木造建築。

這棟臨時設施是室外的咖啡廳，讓使用者可充分與自然的光風接觸，同時體驗結構美學的小 pavilion。為便於施工與移動，建築物分成三段設計產生多樣化的配置，可配合各種活動改變排列的方式。結構藉由纖細木頭與美麗竹隧道，形成分擔壓力與張力的構造。

案名：東海建築系木構空橋
所在地：臺中市龍井區
木結構應用：格子梁加上懸吊木柱的木桁結構組立

設計者｜與木製研

木之家的種子木構工作營親自動手實作成果，此木構空橋位於東海大學建築系館主要開放空間，跨距 3m 連接系館與系圖書館。這次搭建材料採用國產 FSC 認證人造林柳杉，設計梁斷面 15×6cm、柱斷面 9×9cm，接頭採 SUS 螺桿固定，結構行為藉由上方主樑夾住垂直木柱懸吊下方格子樑樓板，與原有建築物則以 L 型角鋼作為搭接介面。外殼未來將採用金屬屋頂與玻璃帷幕系統，讓木結構能被清楚看到且避免接觸雨露水。設計過程中為了精確了解各接頭所能承受極限載重，製作了 3 組單元委由中興大學楊德新副教授實驗室進行破壞性實驗。獲得數據遠比設計預估的還要安全。

設計者｜考工記

木結構應用：RC＋木構的混合構造

所在地：新北市林口區

案名：萬蕙昇林口木構造住宅

以現代的西方木構及 RC 工法，但試圖以抽象 喻手法再度呈現東方古建築厚重的土台（Stereotomic）上面架著輕巧的木構（Architectonic）的組合方式。輕巧的木構坐在厚重的 RC 承重牆之上。木構起伏的屋頂如同書法的抑揚頓挫，呈現中國文人書畫追求的「氣韻生動」。 上層的木構呈現輕巧的構築感（Architectonic），底部的 RC 承重牆呈現厚重的切割雕塑感（Stereotomic），形成對比。

一樓是 RC 承重牆，二、三樓是住宅空間是木構造，混合了軸組式工法及 2×4 的系統，構造及結構上都是 Hybrid 混合工法。

設計者｜原型結構工程顧問有限公司

木結構應用：屋頂大跨距木結構

所在地：嘉義市西區

案名：嘉義美術館

對於既存的 RC 建築結構，應用何種角度看待？要拆除完全新建？還是要完全保留？一棟建築的新生，不見得要全部重新建起，嘉義市立美術館的改建案中，設計團隊尋求一個對環境影響最小且最少破壞地球資源的方式——木構設計，使用了「大空間的木結構」得以對建築最少碰觸，又可以達到嶄新的空間構造美感，運用大型曲線木桁架使得空間充滿律動感，並且以木結構為主體的結構形式，不僅為空間帶來了張力也帶來了一種對於一種再生型美術館觀覽的全新視野。

■ 產品名：WoodTek 森科及 Rothoblaas X-rad 接合鐵件

廠商｜WoodTek 臺灣森科

CLT 可稱為縱橫多層次實木結構積材，其中如歐洲專門生產 CLT 的大廠 KLH，至今在全球已完成超過 2 萬 7 千件各樣的建築案例。而 Rothoblaas X-RAD 則是專為 CLT 所設計的連接系統。透過板牆角落連接，可傳遞極高的牽引力（high traction）和剪應力（shear stresses）。CLT 從材料儲碳到過程減碳，精度高、所需人力少且施工期短，不僅體現於快速增長之建築案例，更是世界趨勢之必然。

■ 產品名：雲浴 Cloud（北美硬楓木浴缸）

廠商｜蛋牌設計 THE EGG

內層維持硬楓木之工藝，呈現純粹之美，邊緣設計曲面的頸靠、頭枕形塑包覆性佳的泡澡艙體，加上底部突起曲面設計，讓浸泡在水中不易滑動，多了一份心理及實際層面的安全感。

外圍的金屬光澤來自與陽光與雲體間各個角度所反射出的層次感，從不同角度觀看，時而耀眼時而微弱，形成一種靜態的動感，展現出光亮的奇幻空間，像是浸浴在陽光下。

■ 產品名：SHERPA 木構造建築接頭系統

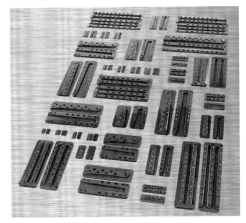

廠商｜交泰興

來自奧地利的 SHERPA 木構造建築接頭系統，概念是基於一個非常簡單、巧妙與創新的想法：將兩個鋁製元件以燕尾形接頭相互嵌入，達到接頭系統的標準化。利用 SHERPA 木構造建築接頭系統，可將木結構建築組裝標準化，縮短施工時間，提高競爭力。

SHERPA 木構造建築接頭系統經歐盟 EOTA 認證，可提供最大的安全性。本次展出的 SHERPA TREE，演示 SHERPA 木構造建築接頭系統的概念：不同的構件尺寸、不同的荷重條件、不同的接合角度，都以同一方式將構件結合在一起。

從教育著手，抓一把種子來蓋房子

張紋韶

大約是二十年前，筆者第一次在臺灣接觸到木構造，那時候臺灣已經有許多前輩付出一生的精力在臺灣推廣木構造，而我作為後輩與追隨者當然也希望有一天臺灣可以有大量的木建築出現。那時候總是不會忘記告訴大家木材是少數可再生且適用在臺灣的建築材料 在適當的育林政策下，臺灣有相當大的潛力可以推廣木構造。但我必須承認我的理解也僅只於此。

回想還在當學生的階段，學了幾年木構造的基礎知識以後便以初生之犢不畏虎之姿寫了人生的第一本書，那是十五年前。這些年過去了，臺灣的市場與環境已經比過去還要成熟許多，而政府、臺灣建築業界與學界以及一般民眾在全球的節能減碳的趨勢下，也漸漸對於木構造不再如過去一樣的陌生，接受度也比以前高。而我有機會在臺灣再寫一本有關木構造的書，這並不是上一本的延續，而是旅歐多年以後參與學術研究與實務設計後的反省，也因此我把這本書當成是二十年的一個總結。

我們當然發現木建築當然存在許多建築師與建築系學生的浪漫想像中，我常常在幫學生看圖的時候發現許多建築系的學生對於木建築有許多幻想，但是從歐洲的案例來看我們可以發現，其實木建築案之所以可以被實踐，其實大多不僅是因為材料本身的永續性，還包括了許多經濟或是很務實的問題，例如減少大型機具的使用、較快的工期使的現金流容易掌握、較輕的結構體重量以降低基礎的造價以及可以創造出較多的可使用空間、較好的施工環境減少周遭的抱怨等。而在臺灣想要建木構造當然有屬於臺灣的挑戰，例如防火、建築設計規範的限制，濕熱環境與生物劣化（白蟻）、造價偏高等問題，其實沒有一個因素應該被忽略、也唯有建築學界與業界共同努力才有辦法克服這樣的難題。要克服這樣的問題，我們必須要從教育著手。教育學生、一般民眾、建築師以及其他專業的工程師，每一個人都有自己的角色可以扮演。

這二十年的總結，我還是想要問一下二十年能做甚麼？可以讓一個人從出生到上大學，可以讓一棵生長快速的樹種從種子到木材準備可以砍伐，也讓我從對木材一無所知到對這個材料有較深刻的認識。許多人都知道沒有必要且過度使用混凝土對於環境是有傷害的，從國土的開發到環境的污染，而上面一張圖片是我的浪漫理想，從我們這一代開始，我們把手上的種子種下去，經過一代的時間，我們可以幫我們的下一代準備好興建他們安身立命的住所的材料，也希望未來，我們只要抓一把種子就可以蓋子子孫孫的房子。

尋找一種與自然共存的永續構築方式

方尹萍

踏入建築專業始於日本大學藝術學部建築設計科，從大一開始學習及設計日式軸組工法木構造系統的家，同時也生活在木構造房佔全日本約70％的環境之中，對於木構房屋出現在生活中是自然平常不過的事。而到了高年級、甚至到建築事務所實習後，開始思考90年代後現代混凝土和鋼構建築對環境的衝擊及汙染問題。

在尋找「何謂建築」的道路上，也曾經一度因為認知建築是破壞自然的原罪，而產生放棄繼續走建築道路的念頭。在沉澱與靜思後，覺察到熱愛自然的人群，若不加入建築的領域，這個世界的建設會更忽略與自然共存的重要性。於是認真開始尋找人類的建築與自然之間，如何能找到彼此共存的平衡點，一次在東南亞的烏布旅行時，看見一個自然與建築的共融世界。運用自然素材成為建材，或許它無法永遠不褪色或不損壞，但對環境的衝擊降為最低，同時依隨時間的變化，誕生出一種無法人工複製出來的韻味與獨一無二的生命體，因為我們知道生命與精神可以永恆，而物質是會消逝。

自身隨著311日本福島核能事件後，回到了家鄉臺灣。在創業後，面對不少業主及環境本身，真實發現到臺灣建築生態重混凝土及鋼構的偏食狀態，於是開始與一群志工性質的木建築推廣夥伴們，一起舉辦活動及講座，過程中更加驚覺到臺灣木建築與臺灣林業（人工森林的培育）必須要同時推動的現實環境狀態，永續需要深根於自己的土地之上。因此讓這一系列推廣活動的內容，向外涵蓋到臺大森林系、臺大土木系、臺大實驗林、林務局等多重共同合作。

人工森林管理不僅止於種樹的工作，人工森林管理的多面性包含：「災害防止土壤與地質惡化、降低地球暖化現象、水資源的保存、空氣淨化能力、維持生物多樣性、地理地形文化保存、健行登山運動、木材及食材供給……等」。若我們想蓋一棟木建築，如何有效取得合法認證的人工森林木材、合格認證的木工加工標章，都是設計者與消費者可以開始對環境友善第一步。同時期盼我們的政府更積極推動原始森林維護及人工森林管理的工作，讓臺灣也能成為對地球生態環境平衡的一份子。

針對全球暖化現象，從2000年起不少海外學者與建築師都支持建設集中於都市區之中，避免再擴充砍伐自然森林作為開發建設使用地，讓郊區與山頭留給自然的主張與宣言。在此觀點與浪潮下，也是醞釀及重新思考的時機：在全球暖化下的都市裡，都市建築該如何更貼近自然，促使大家願意繼續待在都市內生活，不再擴充開發山區。因此Timberize都市高層木建築將會是一個面對都市高層建築的新選項。在全球許多國家已經邁入永續經營人造林及都市高層木建築的時代，Timberize TAIWAN要做的不只是為了生活在這個時代的我們，也要尋求永續的做法，留下更多美好的資源及環境給下一代子孫們。地球是大家的，我們要一起愛惜。

NPO法人 Team Timberize 成員介紹

腰原 幹雄
NPO法人teamTimberize 理事長
現職：東京大学生産技術研究所 教授
學歷：東京大学大学院工学系研究科修了
經歷：構造設計集団＜SDG＞

小杉 栄次郎
NPO法 teamTimberize 副理事長
現職：秋田公立美術大学准教授
學歷：東京大学工学部建築学科卒
經歷：磯崎新事務所、KUS

安井 昇
NPO法人teamTimberize 副理事長
現職：桜設計集団
學歷：早稲田大学大学大学院博士課程終了、博
　　　士（工学）
經歷：早稲田大学理工学研究所客員研究員

内海 彩
NPO法人teamTimberize 理事
現職：内海彩建築設計事務所
學歷：東京大学工学部建築学科卒
經歷：山本理顕設計工場、KUS、2017年内海彩
　　　建築設計事務所設立

八木 敦司
NPO法人teamTimberize 理事
現職：Studio・Kuhara・Yagi
學歷：東京大学工学部建築学科卒
經歷：八木敦司建築設計事務所、2010年
　　　Studio・Kuhara・Yagi共同設立

山田 敏博
NPO法人teamTimberize　理事
現職：株式会社HUG
學歷：関西大学工学部建築学科卒
經歷：山本理顕設計工場、株式会社HUG設立

久原 裕
NPO法人teamTimberize 理事
現職：Studio・Kuhara・Yagi
學歷：東京大学工学部建築学科卒
經歷：長谷川逸子・建築計画工房、2010年
　　　Studio・Kuhara・Yagi共同設立

加藤 征寛
NPO法人teamTimberize 理事
現職：MID研究所
學歷：東京理科大学工学部建築学科卒
經歷：構造設計集団＜SDG＞、MID研究所設立

佐藤 孝浩
NPO法人teamTimberize 理事
現職：桜設計集団
學歷：工学院大学工学研究科建築学専攻修了
經歷：構造設計集団＜SDG＞

萩生田 秀之
NPO法人teamTimberize 理事
現職：KAP
學歷：明治大学大学院理工学研究科博士前期過
　　　程修了
經歷：空間工学研究所

樫本 恒平
NPO法人teamTimberize 監事
現職：樫本恒平事務所
學歷：東京大学工学部建築学科卒、同大学院修了
經歷：The Berlage Institute、OMA、関西大学工
　　　学部建築学科講師

蔡孟廷

現任國立臺灣科技大學建築系助理教授，成大土木系、成大建築研究所結構組畢業，東京大學建築專攻博士（腰原研究室）。曾任新加坡新建設計（NSIAP）專案設計師、維也納工業大學短期研究員、國立臺北科技大學建築系助理教授。2015年開始成立木質空間‧構造研究室，在臺灣推動Timberize TAIWAN展覽、競圖及系列演講。透過研究及教學持續探索臺灣都市環境中木造建築的可能型態。

方尹萍

建築師旅居日本、西班牙、法國、英國多年，畢業於日本大學藝術學部建築設計科，以及西班牙加泰隆尼亞工科大建築博士候選人。曾經歷於伊東豐雄建築設計事務所、中村拓志&NAP建築設計事務所、大矩聯合建築師事務所之國際案窗口。2011年年底歸國後，設立 Adamas Architect Ateliers 方尹萍建築設計之外，曾兼任於實踐大學建築設計系講師。立志推動生活美學與自然環境共生之概念，重視在地性文化與永續經濟的發展，並以運用新時代思想創造賦予療癒性特質的作品精神。同時促進國際文化與技術交流，策劃書籍出版及建築教育講座。目前在臺鑽研茶空間設計及永續循環之建築領域。透過生活，尋找一個屬於有心靈層次的空間與建築。

張紋韶

英國雪菲爾大學建築系副教授，
Time for Timber Ltd（UK）合夥人、Studio Haruka 創辦人
國立成功大學建築系學士、碩士、博士

曾任成功大學博士後研究員，京都大學JSPS客座研究員，
京都大學客座副教授，英國巴斯大學建築與土木工程系助理教授
研究範疇：竹木構造、地震工程、智能材料及結構、環境設計

國家圖書館出版品預行編目資料

Timberize TAIWAN─都市木造的
未來 / 蔡孟廷, 方尹萍, 張紋韶著. --
初版. -- 臺北市：麥浩斯出版：家庭
傳媒城邦分公司發行, 2018.08
　　面；　公分
ISBN 978-986-408-406-7(平裝)

1.建築物構造 2.木工
441.553　　　　　　107012736

Timberize TAIWAN─都市木造的未來

作者	蔡孟廷・方尹萍・張紋韶
責任編輯	楊宜倩
採訪撰文	曾家鳳・李佳芳・楊宜倩
美術設計	林宜德
行銷企劃	呂睿穎

發行人	何飛鵬
總經理	李淑霞
社長	林孟葦
總編輯	張麗寶
副總編輯	楊宜倩
叢書主編	許嘉芬

出版	城邦文化事業股份有限公司 麥浩斯出版
E-mail	cs@myhomelife.com.tw
地址	104台北市中山區民生東路二段141號8樓
電話	02-2500-7578

發行	英屬蓋曼群島商家庭傳媒股份有限公司城邦分公司
地址	104台北市中山區民生東路二段141號2樓
讀者服務專線	0800-020-299（週一至週五上午09:30～12:00；下午13:30～17:00）
讀者服務傳真	02-2517-0999
讀者服務信箱	cs@cite.com.tw
劃撥帳號	1983-3516
劃撥戶名	英屬蓋曼群島商家庭傳媒股份有限公司城邦分公司

總經銷	聯合發行股份有限公司
地址	新北市新店區寶橋路235巷6弄6號2樓
電話	02-2917-8022
傳真	02-2915-6275

香港發行	城邦（香港）出版集團有限公司
地址	香港灣仔駱克道193號東超商業中心1樓
電話	852-2508-6231
傳真	852-2578-9337

新馬發行	城邦（新馬）出版集團Cite（M）Sdn. Bhd.（458372 U）
地址	41, Jalan Radin Anum, Bandar Baru Sri Petaling, 57000 Kuala Lumpur, Malaysia.
電話	603-9056-3833
傳真	603-9056-2833

製版印刷　凱林彩印有限公司　　定價　　新台幣680元
2018年8月初版一刷・Printed in Taiwan 版權所有・翻印必究（缺頁或破損請寄回更換）